# Projeto LUMIRÁ

## CIÊNCIAS 5

Organizadora: Editora Ática S.A.
Obra coletiva concebida pela Editora Ática S.A.
Editora responsável: Heloisa Pimentel

Material de apoio deste volume:

- Miniatlas Corpo humano

editora ática

editora ática

**Diretoria editorial**
Lidiane Vivaldini Olo
**Gerência editorial**
Luiz Tonolli
**Editora responsável**
Heloisa Pimentel
**Coordenação da edição**
Isabel Rebelo
**Edição**
Daniella Drusian Gomes
**Gerência de produção editorial**
Ricardo de Gan Braga
**Arte**
Andréa Dellamagna (coord. de criação),
Talita Guedes (progr. visual de capa e miolo),
André Gomes Vitale (coord.),
Mauro Roberto Fernandes (edição)
e Casa de Tipos (diagram.)
**Revisão**
Hélia de Jesus Gonsaga (ger.), Rosângela Muricy (coord.),
Ana Curci, Gabriela Macedo de Andrade,
Patrícia Travanca e Paula Teixeira de Jesus
Brenda Morais e Gabriela Miragaia (estagiárias)
**Iconografia**
Sílvio Kligin (superv.),
Denise Durand Kremer (coord.), Angelita Cardoso (pesquisa)
Cesar Wolf e Fernanda Crevin (tratamento de imagem)
**Ilustrações**
Estúdio Icarus CII – Criação de Imagem (capa),
Antonio Robson, Estúdio Ornitorrinco, Ilustra Cartoon,
Imaginário Stúdio, Mauro Nakata, Mauro Souza,
Orly Wanders, Paulo Manzi, Rodrigo Ratier,
Simone Ziasch e Tati Rivoire (miolo)


## Elaboração de originais


**Ana Maria Gonçalves Pravadelli**

Licenciada em Pedagogia pela Faculdade de Filosofia, Ciências e Letras de Botucatu (SP)
Bacharela e licenciada em Ciências Biológicas pela Universidade de São Paulo (USP)
Mestra em Ciências Biológicas (Genética) pela Universidade de São Paulo (USP)

**Sueli Campopiano**

Graduada em Ciências Sociais pela Universidade de São Paulo (USP)
Especialização em leitura pela Pontifícia Universidade Católica de São Paulo (PUC-SP)



**Direitos desta edição cedidos à Editora Ática S.A.**
Avenida das Nações Unidas, 7221, 3º andar, Setor A
Pinheiros – São Paulo – SP – CEP 05425-902
Tel.: 4003-3061
www.atica.com.br / editora@atica.com.br

**Dados Internacionais de Catalogação na Publicação (CIP)**
**(Câmara Brasileira do Livro, SP, Brasil)**

Projeto Lumirá : ciências : 2º ao 5º ano / obra coletiva concebida pela Editora Ática ; editora responsável Heloisa Pimentel. – 2. ed. – São Paulo : Ática, 2016. – (Projeto Lumirá : ciências)

1. Ciências (Ensino fundamental) I. Pimentel, Heloisa. II. Série.

16-01516 CDD-372.35

Índices para catálogo sistemático:
1. Ciencias : Ensino fundamental 372.35

**2017**

ISBN 978 85 08 17872 8 (AL)
ISBN 978 85 08 17873 5 (PR)

Cód. da obra CL 739147

CAE 565 907 (AL) / 565 908 (PR)

2ª edição
4ª impressão

Impressão e acabamento
Bercrom Gráfica e Editora

Projeto

# LUMIRÁ

Este é o seu livro de
**Ciências do 5º ano**.

Escreva aqui o seu nome:

..............................................................................

..............................................................................

Este livro vai ajudar você a pensar sobre tudo o que você já sabe, a investigar o mundo, a questionar o que vai aprender e a descobrir muito mais sobre o corpo humano, os biomas brasileiros, a eletricidade, o magnetismo e a tecnologia.

Bom estudo!

Adilson Farias/Arquivo da editora

# Caro aluno

Você cresceu bastante. Está pronto para aprender mais coisas importantes e enfrentar novos desafios, como:

- ler e escrever com mais desenvoltura, compreendendo melhor diferentes palavras e textos;
- identificar e operar com números cada vez maiores, frações e decimais, e explorar figuras, medidas, tabelas e gráficos;
- compreender melhor o corpo humano, os fenômenos da natureza e a importância da conservação do ambiente;
- conhecer mais do planeta Terra e do Brasil;
- entender a história do Brasil e das pessoas que vivem em nosso país.

O **Projeto Lumirá** vai ajudá-lo com textos, atividades, jogos, ilustrações e fotografias muito interessantes. Você vai continuar aprendendo sempre mais e se divertindo com as novas descobertas.

Bom estudo!

# COMO É O MEU LIVRO?

Este livro tem 4 Unidades, cada uma delas com 3 capítulos. No final, na seção **Para saber mais**, há indicações de livros, vídeos e *sites* para complementar seu estudo.

## ABERTURA DE UNIDADE

Você observa a imagem, responde às questões e troca ideias com os colegas e o professor sobre o que vai estudar.

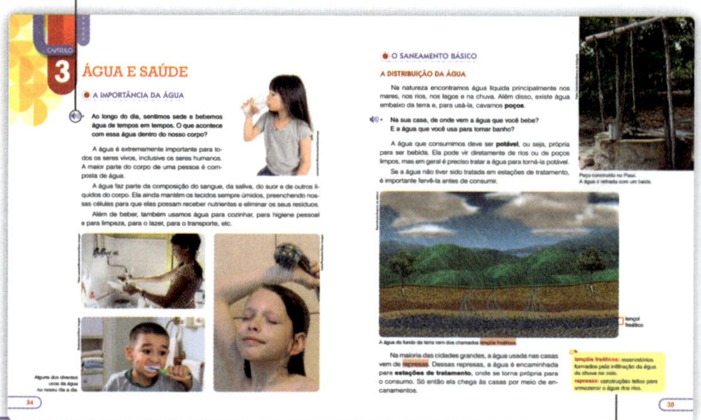


## CAPÍTULOS

Textos, fotografias, ilustrações e experimentos vão motivar você a pensar, questionar e aprender. Há atividades ao longo de cada tema. No final do capítulo, a seção **Atividades do capítulo** traz mais exercícios para completar seu estudo.

## GLOSSÁRIO

O glossário explica o significado de algumas palavras que talvez você não conheça.

## ENTENDER E PRATICAR CIÊNCIAS

Aqui você vai fazer experimentos, pesquisas e outras atividades importantes em Ciências.

## LEITURA DE IMAGEM

Aqui você vai fazer um trabalho com imagens. Elas ajudam você a refletir sobre os temas estudados: o que é parecido com seu dia a dia, o que é diferente.

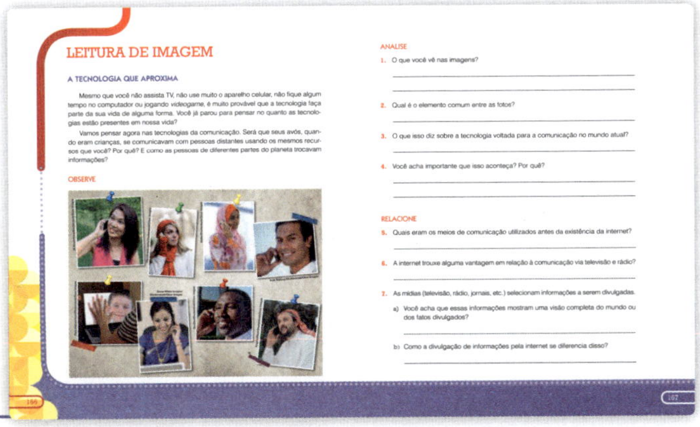


## ÍCONE

Atividade oral

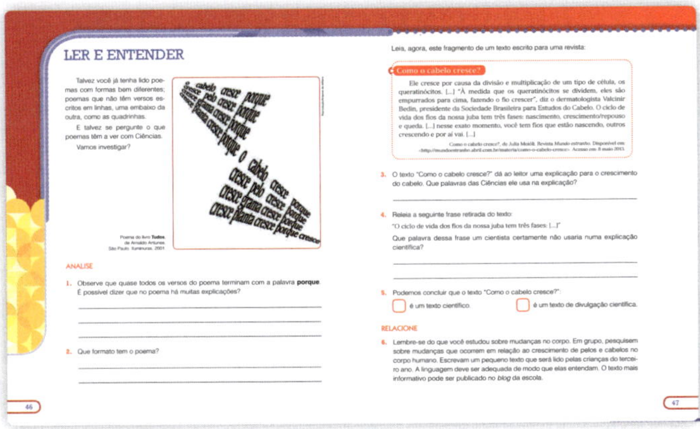


## LER E ENTENDER

Nesta seção você vai ler diferentes textos. Pode ser um poema, um rótulo de produto ou uma notícia. Um roteiro de perguntas vai ajudar você a ler cada vez melhor e a relacionar o que leu aos conteúdos estudados.

## O QUE APRENDI?

Aqui você encontra atividades para pensar no que aprendeu, mostrar o que já sabe e refletir sobre o que precisa melhorar.

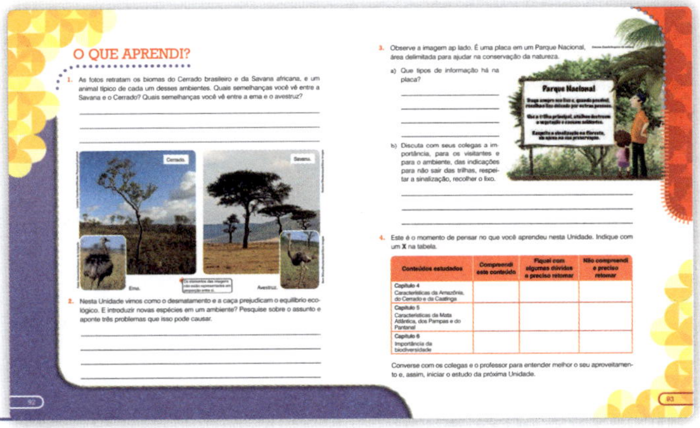


Sempre que possível, o tamanho aproximado de alguns seres vivos é apresentado por este símbolo. Quando a medida for apresentada por uma barra vertical, significa que ela se refere à altura. Quando for representada por uma barra horizontal, significa que se refere ao comprimento, que, no caso dos animais, não considera o tamanho da cauda.

15 metros

3,5 metros

# SUMÁRIO

## UNIDADE 1



## UNIDADE 2

## UNIDADE 3



## UNIDADE 4

UNIDADE 1

# SER HUMANO E SAÚDE

Hanafi Latif/Shutterstock/Glow Images

- Que sensações podemos ter em uma situação como a da imagem?
- O que diferencia um adulto de uma criança?
- Você acha que os meninos podem beber a água do local em que estão brincando? Por quê?

CAPÍTULO 1

# O ORGANISMO E SEU CONTROLE

## O CORPO TODO INTEGRADO

- Coloque dois dedos sobre a lateral do seu pescoço, como mostra a figura, sem pressionar com muita força. O que você sente na ponta dos dedos? Você sabe explicar o que é isso que você sente?
- Usando um relógio, conte quantos batimentos você sente em um minuto. Anote o resultado.

____________________

____________________

- Agora, salte dez vezes. Logo em seguida, conte novamente quantos batimentos você sente em um minuto. Anote o resultado.

Estúdio Ornitorrinco/Arquivo da editora

Os batimentos do coração dão origem às pulsações que você sente no pescoço.

____________________

- Em qual das duas situações você contou mais batimentos em um minuto?

____________________

- Por que você acha que houve essa alteração no número de batimentos do coração?

____________________

____________________

____________________

Para movimentar nosso corpo, nossos músculos precisam de energia. Essa energia vem dos alimentos que comemos. Além disso, precisamos também de gás oxigênio, que está no ar que respiramos.

Os nutrientes e o gás oxigênio são transportados pelo sangue para todo o corpo.

Quando fazemos exercícios – como saltar ou correr – precisamos de mais energia. Então, inspiramos e expiramos mais rápido e o coração bate mais acelerado, aumentando a quantidade de gás oxigênio disponível para os músculos.

Lofoto/Shutterstock/Glow Images

Para ter energia é necessário se alimentar bem. Nós gastamos energia o tempo todo, mas quando brincamos ou corremos muito, o corpo precisa de mais energia.

Kzenon/Shutterstock/Glow Images

## De onde vêm as gordurinhas?

Comer demais engorda! Mas o que é comer demais? Para os médicos especialistas em nutrição, comer demais é comer acima do nosso gasto de energia. E nós gastamos energia em tudo o que fazemos – correndo, nadando, dançando, caminhando, andando de patins, pensando e até dormindo. Só que os gastos de energia são diferentes: tudo aquilo em que empregamos mais força física consome mais energia.

[...] Os atletas consomem muita energia, por isso, precisam comer mais do que pessoas sedentárias, as que não praticam atividade física regularmente. No entanto, se uma pessoa sedentária comer o mesmo que um atleta, as calorias que não forem transformadas em energia vão se acumular e fazê-la engordar.

[...]

FOGUEL, Débora. De onde vêm as gordurinhas? *Ciência hoje das crianças*, 27 jun. 2012.

## SISTEMAS, ÓRGÃOS, TECIDOS E CÉLULAS

Você já estudou alguns dos sistemas que formam o corpo humano. O sistema cardiovascular, por exemplo, é formado por órgãos como o coração e os vasos sanguíneos. Esses órgãos são especializados na circulação do sangue pelo organismo.

- Que outros sistemas do corpo humano você conhece? O que é um sistema?

Um **sistema** é um conjunto de **órgãos** que, juntos, desempenham determinada função. Os órgãos são formados de **tecidos** e cada tipo de tecido é composto de **células** semelhantes. Veja abaixo uma representação artística de sistemas do corpo humano.

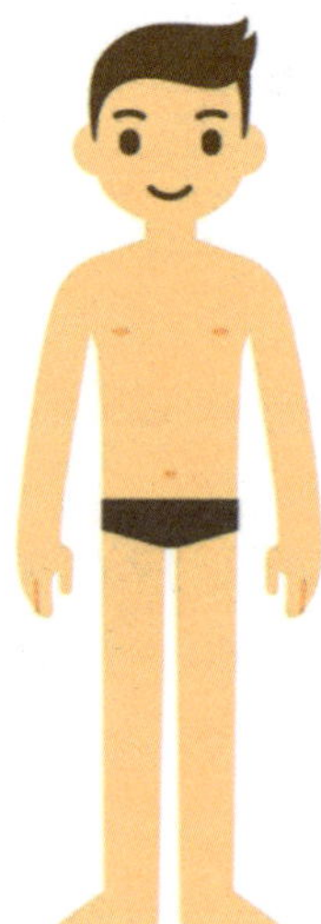
Sistema tegumentar

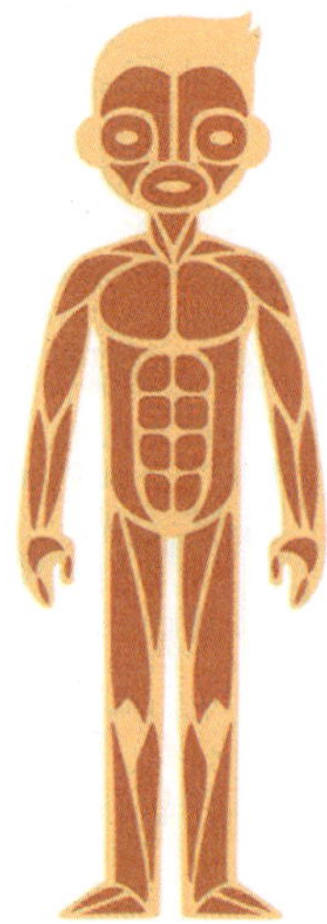
Sistema muscular

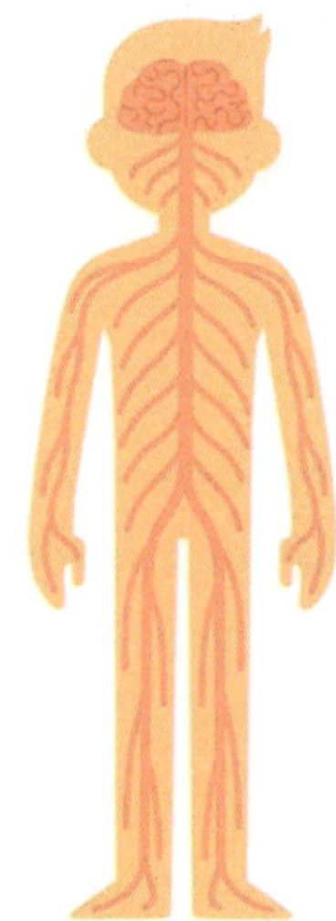
Sistema nervoso

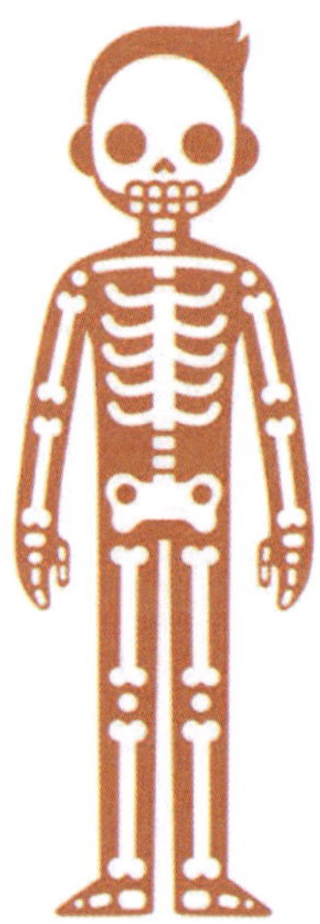
Sistema esquelético

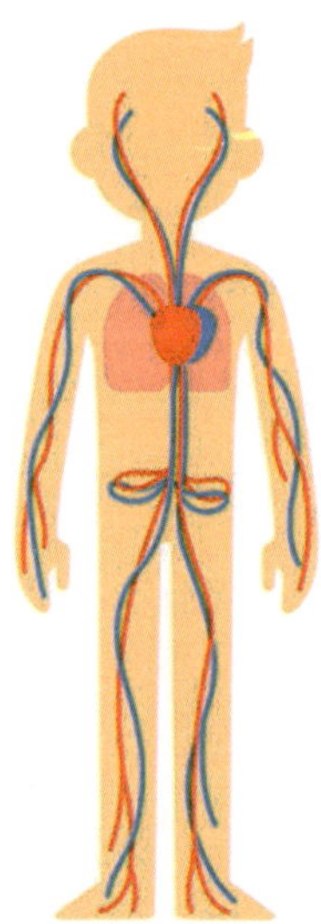
Sistema cardiovascular

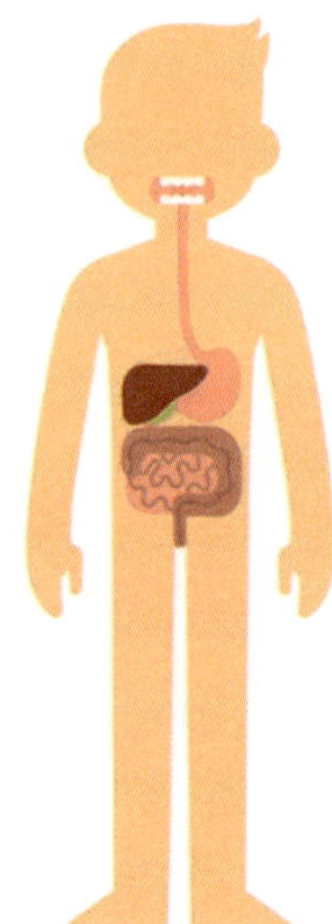
Sistema digestório

Ilustrações: Sudowoodo/Shutterstock/Glow Images

Conseguimos enxergar os sistemas, os órgãos e alguns tecidos do corpo humano. Mas para ver as células que formam os tecidos, precisamos de equipamentos com lentes de aumento.

- Você conhece algum equipamento que usa lentes de aumento?

Os microscópios de luz são muito utilizados para a observação de células e tecidos. Um pedaço bem fino do tecido é preparado em uma lâmina de vidro, que fica sobre uma fonte de luz. A luz atravessa o tecido, passa pelas lentes e então se forma uma imagem aumentada.

As imagens não estão representadas em proporção entre si.

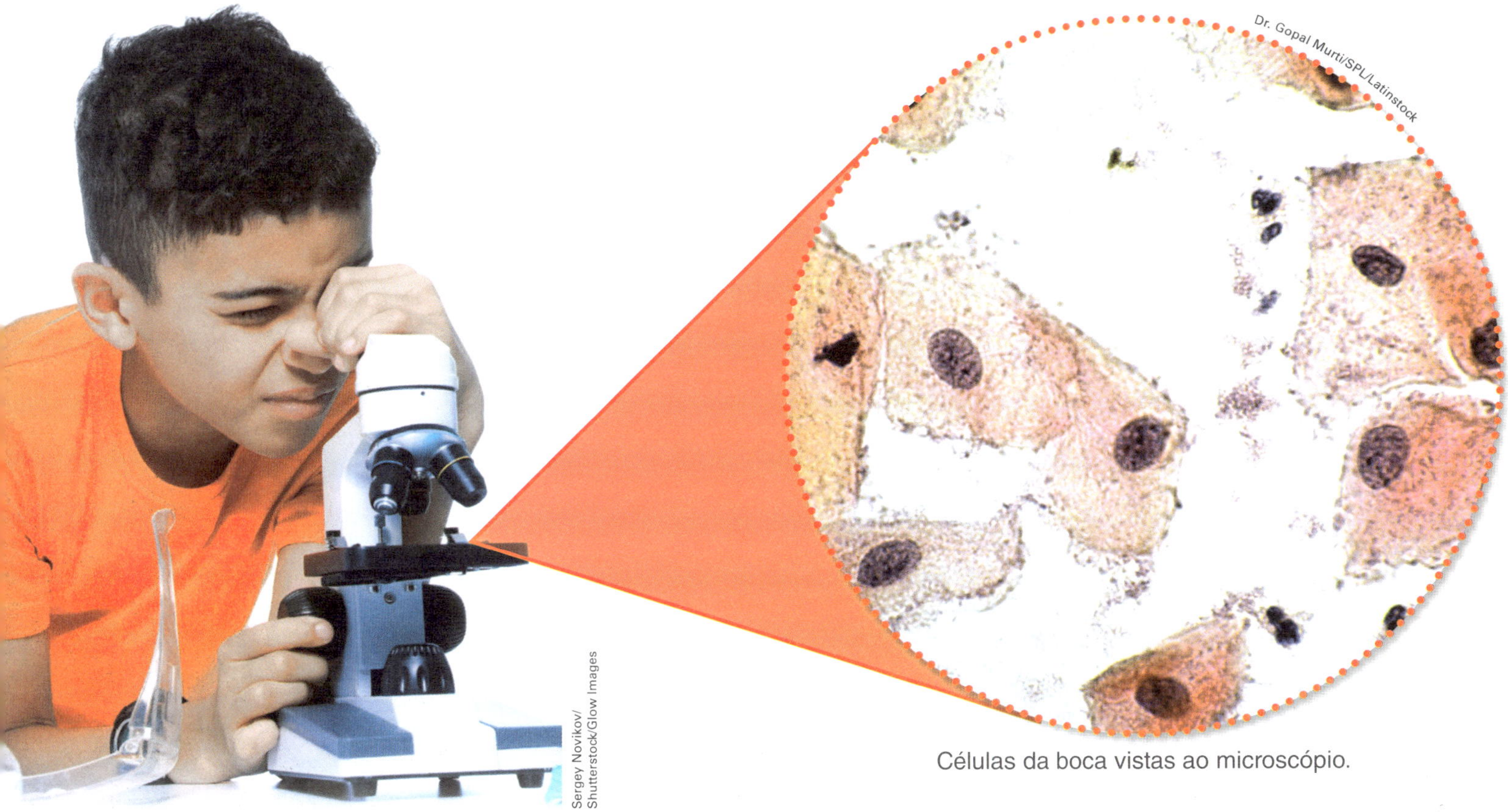

Sergey Novikov/ Shutterstock/Glow Images

Dr. Gopal Murti/SPL/Latinstock

Células da boca vistas ao microscópio.

Desde que a primeira célula foi vista ao microscópio, esse equipamento evoluiu muito. Hoje há outros tipos de microscópio, e conseguimos até ver seres muito menores do que as células humanas, como os vírus.

O avanço dos microscópios também nos permitiu conhecer melhor as doenças que afetam vários sistemas do corpo humano. Conhecendo as doenças, é possível estudar maneiras de combatê-las. A varíola, por exemplo, é uma doença que desapareceu por causa da vacinação das pessoas contra o vírus da varíola. Quando uma doença desaparece, dizemos que ela foi erradicada. Estudar os microrganismos é muito importante na erradicação de doenças.

**microrganismos:** pequenos seres vivos que só podem ser vistos com o uso do microscópio. Alguns microrganismos podem causar doenças aos seres humanos.

## SISTEMA NERVOSO

- Você sabe andar de bicicleta? Quais sistemas do corpo estão envolvidos nessa atividade? Por que é tão importante o uso do capacete?

Todos os sistemas do corpo humano funcionam de maneira integrada. Isso quer dizer que um sistema depende do outro para funcionar. E todos os sistemas são coordenados pelo sistema nervoso.

Quando você anda de bicicleta, ou quando caminha ou corre, usa todos os sistemas do seu corpo. Por meio do sistema nervoso, você decide quando vai se levantar e caminhar ou se vai ficar sentado estudando. Esses atos que dependem da sua vontade são chamados **atos voluntários**.

E lembre-se de que, quando você se movimenta, ou mesmo quando está parado ou dormindo, está sempre respirando. Seu sistema nervoso mantém a respiração, sem que você precise se preocupar com ela. O mesmo acontece com o coração e com os órgãos do sistema digestório. Essas funções que o sistema nervoso controla independentemente da sua vontade são chamadas **atos involuntários**.

Jacek Chabraszewski/
Shutterstock/Glow Images

O sistema nervoso é formado por órgãos como o encéfalo (que inclui o cérebro) e a medula espinal. Esses órgãos são formados por tecidos de células nervosas. O sistema nervoso é especializado em coordenar todos os outros sistemas do corpo.

Best Photo Studio/Shutterstock/Glow Images

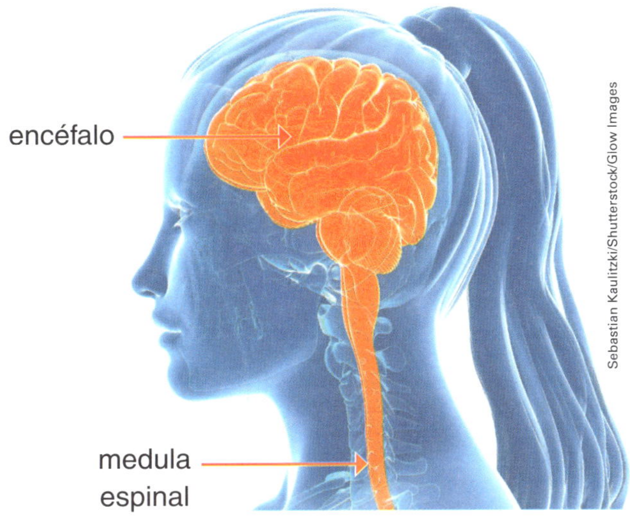


Sebastian Kaulitzki/Shutterstock/Glow Images

Encéfalo e medula espinal são órgãos que compõem o sistema nervoso.

Para exercer suas funções, o encéfalo e a medula espinal enviam e recebem sinais o tempo todo. Por exemplo: comandos são enviados para os músculos do braço ou da perna; sinais chegam da pele quando tocamos em algo. Esses sinais são transmitidos pelos nervos.

As imagens não estão representadas em proporção entre si.

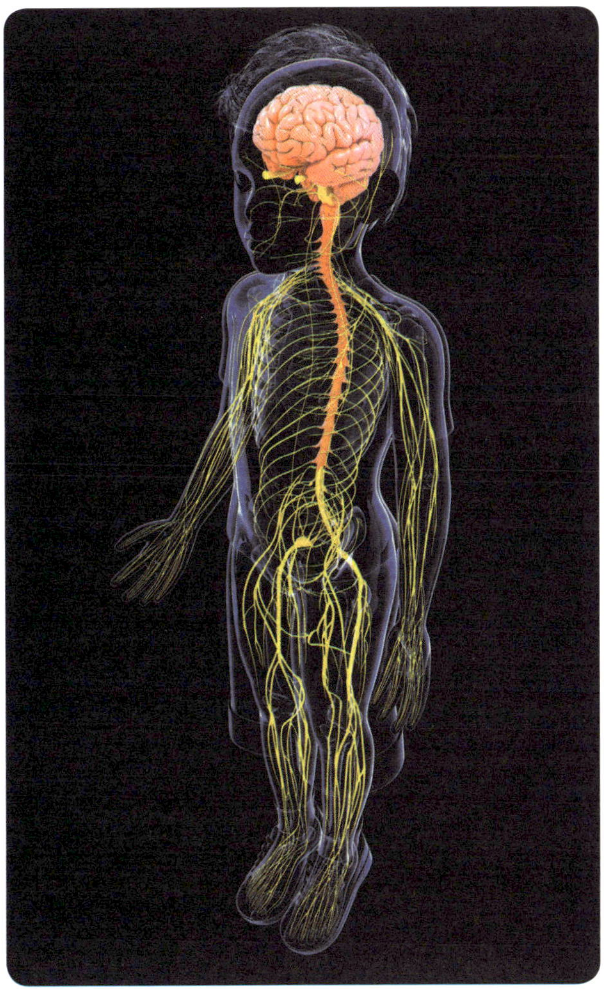

Science Photo Library/Latinstock

Do encéfalo e da medula espinal saem nervos (representados em amarelo) que se espalham por todo o corpo.

## OS SENTIDOS

Qual é o gosto da água do mar? De que cor é a areia da praia? Você consegue perceber o mundo por meio dos seus sentidos.

O sistema nervoso também é responsável pela interação do nosso corpo com o mundo.

Imagine que você está em uma praia, sentado na areia.

Bilibin Maksym/Shutterstock/ Pulsar Imagem

Você vê a cor do céu, sente a areia entre seus dedos, o calor do Sol, ouve o barulho das ondas e sente o cheiro do mar. Enquanto aprecia a paisagem, você saboreia uma deliciosa melancia.

- Quais foram as partes do seu corpo que ajudaram você a:

  a) ver a cor do céu?

  ______________________________

  b) sentir a areia e o vento?

  ______________________________

  c) ouvir o barulho das ondas?

  ______________________________

  d) sentir o cheiro do mar?

  ______________________________

  e) sentir o gosto da melancia?

  ______________________________

Visão, tato, audição, olfato e gustação são os nossos **cinco sentidos**.

Os olhos, a pele, as orelhas, o nariz e a língua sentem estímulos e passam as informações que recebem para o sistema nervoso. Os nervos transportam estímulos dos órgãos dos sentidos para o cérebro.

- **Identifique na foto abaixo os órgãos e os respectivos sentidos. Siga o exemplo que já está na imagem.**

Erashov/Shutterstock/Glow Images

**NESTE CAPÍTULO, VOCÊ VIU QUE:**

- O nosso organismo funciona como um todo integrado e em equilíbrio.
- A Ciência está sempre produzindo inovações, como o microscópio, que nos ajudam a entender a natureza e a viver melhor.
- O sistema nervoso coordena todos os outros sistemas do corpo e controla nossos atos voluntários e involuntários.
- O sistema nervoso também nos permite interagir com o mundo à nossa volta, com a ajuda dos órgãos do sentido.

# ATIVIDADES DO CAPÍTULO

**1.** A seguir são mostrados os níveis de organização dos seres vivos. Escreva abaixo os termos que substituem adequadamente as letras a, b, c e d.

célula → (a) → (b) → (c) → (d)

a) ______________________ b) ______________________

c) ______________________ d) ______________________

**2.** Observe a imagem e responda às questões abaixo:

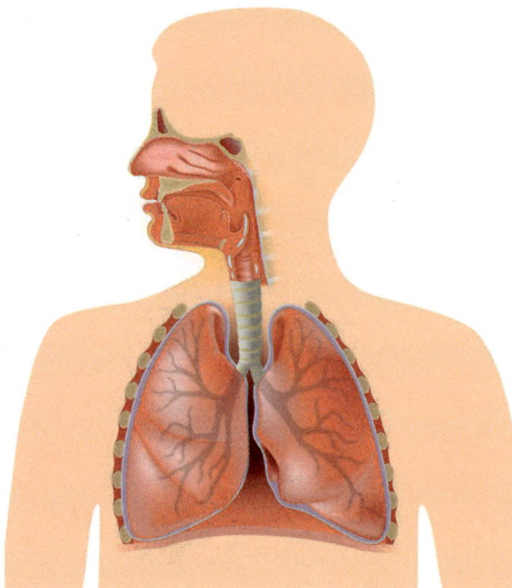

Alila Medical Media/Shutterstock/Glow Images

a) O conjunto de órgãos especializados em uma função é chamado

______________________.

b) Que sistema está sendo representado na imagem? Qual é a sua função?

______________________________________________

______________________________________________

c) Que órgãos desse sistema você consegue identificar na imagem?

______________________________________________

______________________________________________

3. Você viu que quando fazemos exercícios o coração bate mais rapidamente.

a) Que outra função do corpo humano se acelera quando fazemos exercícios mais intensos?

_______________________________________________

b) Por que essas funções são aceleradas quando fazemos exercícios intensos?

_______________________________________________

_______________________________________________

4. Assinale na tabela abaixo quais são os atos voluntários e os involuntários controlados pelo sistema nervoso.

| | Voluntário | Involuntário |
|---|---|---|
| Batimentos do coração | | |
| Movimentos das pernas | | |
| Movimentos dos braços | | |
| Movimentos do sistema digestório | | |
| Mastigação | | |

5. A dor é uma resposta do organismo para sinalizar que algo está errado em alguma parte de nosso corpo. Sabendo disso, responda:

a) Qual é o orgão do corpo humano responsável pela percepção da dor?

_______________________________________________

b) Qual é o sistema do corpo humano responsável pela transmissão e pelo controle dessas informações?

_______________________________________________

c) Por que a dor pode ser benéfica? Explique sua resposta.

_______________________________________________

_______________________________________________

_______________________________________________

## CÂMARA ESCURA

Uma câmara escura é um equipamento simples que deu origem à máquina fotográfica.

O funcionamento dessa câmara também é parecido com o funcionamento do olho humano.

Siga os passos abaixo para construir a sua câmara e entender melhor seu funcionamento.

**MATERIAL**

- caixa de sapato
- lupa (ou outro tipo de lente de aumento)
- tesoura sem ponta
- cola branca
- fita adesiva
- papel vegetal
- cartolina preta

Ilustrações: Mauro Nakata/Arquivo da editora

### Montagem

1. Enrole a cartolina preta, formando um cilindro cuja base tenha o mesmo diâmetro da lente de aumento. Prenda a cartolina com a fita adesiva.

2. Encaixe a lente na boca do cilindro e cole-a na cartolina. Se você estiver usando uma lupa, peça ao professor que faça um buraco no cilindro para que o cabo fique para fora. Certifique-se de que a lente esteja bem firme na cartolina, para ela não cair e se quebrar.

3. O professor vai recortar, em um dos dois lados menores da caixa de sapatos, um retângulo um pouco menor do que o próprio lado. Cole aí o papel vegetal, usando a fita adesiva. Encape a parte interna da caixa com o restante da cartolina preta.

4. No lado oposto da caixa, o professor fará um recorte circular com o mesmo diâmetro do cilindro. Encaixe o cilindro deixando a lente para fora. Feche a caixa com a tampa.

5. Agora, aponte a lente para o objeto que você quer ver projetado e observe sua imagem no papel vegetal. Ajuste o cilindro até acertar o foco da imagem. Lembre-se de que o objeto deve estar bem iluminado.

**Atenção**, nunca aponte a câmara escura diretamente para o Sol. É muito perigoso para os seus olhos!

Revista *Ciência Hoje das Crianças*, n. 180, jun. 2007. Texto adaptado.
Disponível em: <http://chc.cienciahoje.uol.com.br/camara-escura/>.
Acesso em: 29 jan. 2016.

CAPÍTULO 2

# DESENVOLVIMENTO E REPRODUÇÃO

## MUDANÇAS DO CORPO

Você já deve ter percebido que seu corpo é muito diferente do corpo dos adultos que você conhece. Se comparar seu corpo com o corpo dos bebês, também encontrará muitas diferenças. Como essas transformações acontecem com o passar do tempo?

- **Quais são as principais diferenças entre o seu corpo agora e o corpo que você tinha quando nasceu?**

______________________________________________

______________________________________________

- **Agora, observe com atenção a figura abaixo. Que mudanças você observa no corpo de uma mulher nas diferentes fases de sua vida?**

______________________________________________

______________________________________________

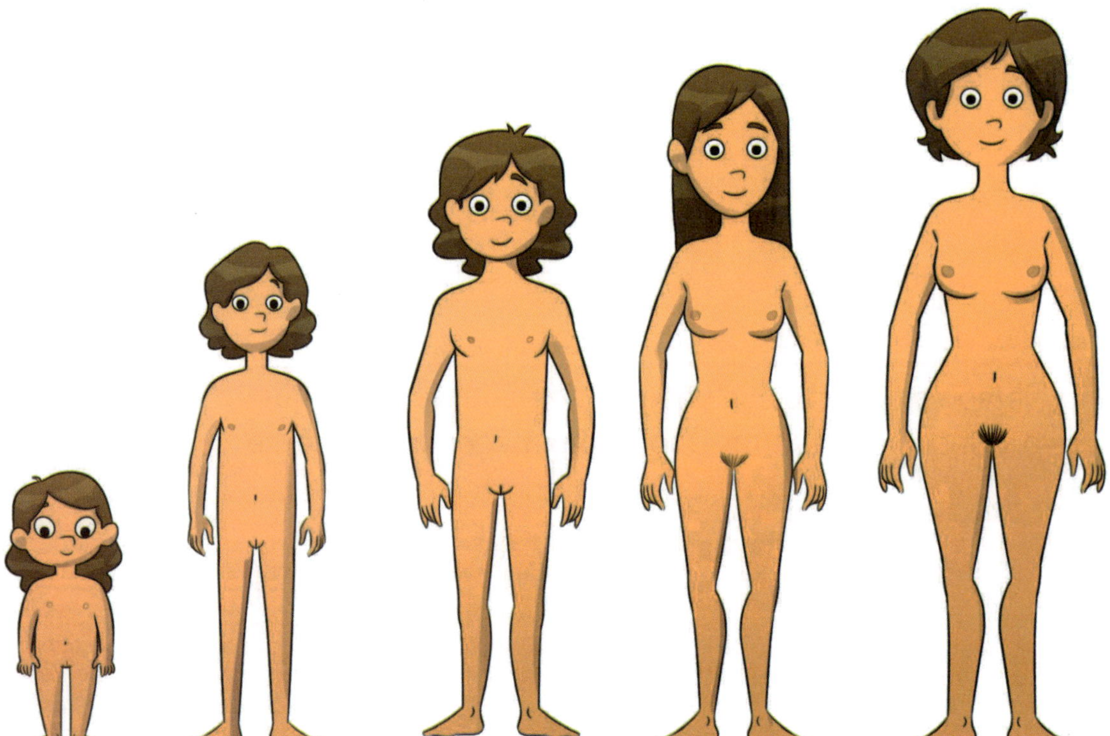

Estúdio Ornitorrinco/Arquivo da editora

Desenvolvimento do corpo de uma mulher.

A figura abaixo representa as mudanças que ocorrem no corpo masculino.

Algumas dessas mudanças são semelhantes às que ocorrem no corpo feminino, mas outras são bem diferentes.

- **Compare esta imagem com a imagem da página anterior. Quais são as diferenças entre crianças do sexo masculino e do sexo feminino?**

____________________________________________

____________________________________________

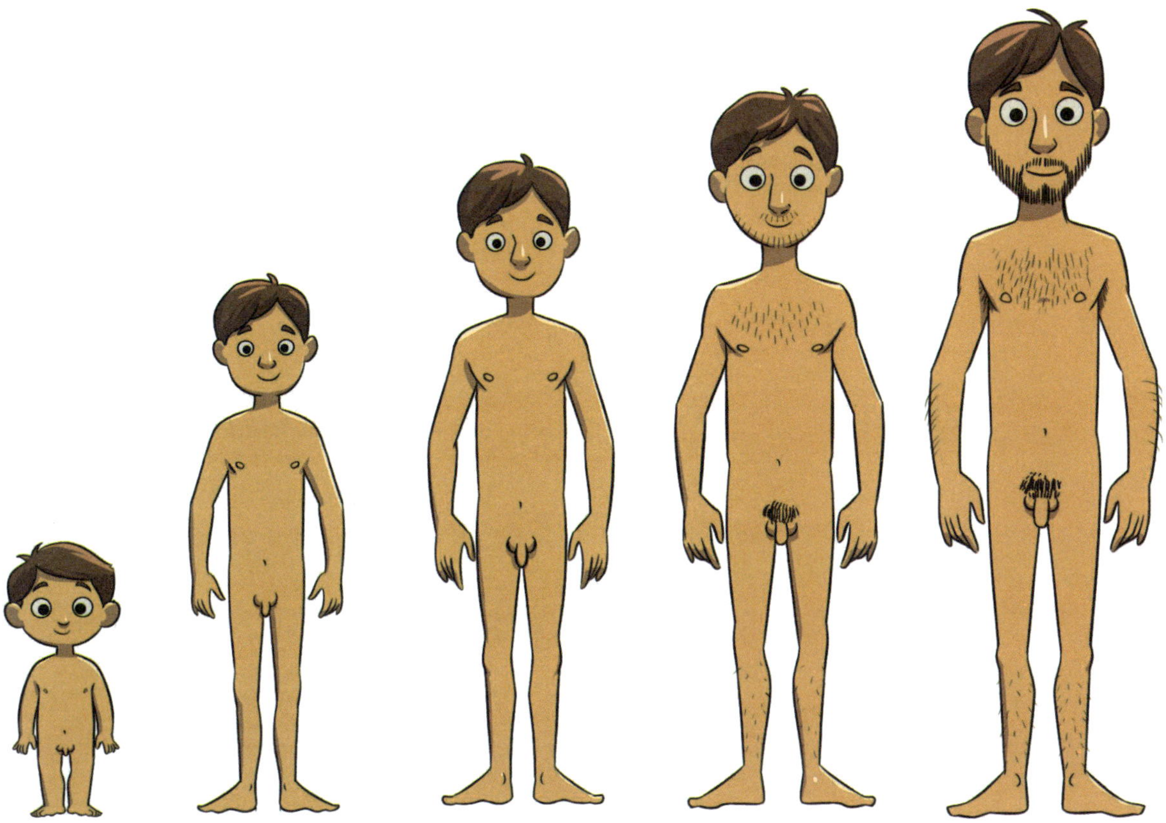

Estúdio Ornitorrinco/Arquivo da editora

Desenvolvimento do corpo de um homem.

- **Observe novamente as duas figuras e agora compare o corpo da mulher adulta com o corpo do homem adulto. Quais são as principais diferenças que você observa?**

____________________________________________

____________________________________________

____________________________________________

____________________________________________

____________________________________________

## PUBERDADE E ADOLESCÊNCIA

As mudanças no nosso corpo acontecem ao longo de toda a vida. Nascemos, somos crianças, depois nos tornamos adultos e, por fim, envelhecemos.

- **Mas crianças e adultos são muito diferentes! Qual é a fase da vida em que uma criança se transforma em um adulto?**

Essa é a fase de maiores mudanças no corpo e na mente das pessoas. É a puberdade e a adolescência.

### PUBERDADE

Puberdade é a fase inicial da adolescência. Ela costuma começar aos 10 anos e se estender até os 13 anos. Mas isso pode variar muito. É nessa fase que o corpo das crianças começa a se transformar no corpo adulto. A puberdade prepara o corpo para a reprodução, ou seja, para ter filhos.

Veja abaixo as principais mudanças que costumam ocorrer na puberdade.

**ovulação:** liberação de ovócitos (células sexuais femininas) pelos ovários.

**ejaculação:** liberação de secreção, que contém espermatozoides, pelo pênis.

| Meninas | Meninos |
|---|---|
| Crescimento acelerado do corpo. | Mudança da voz. |
| Aparecimento de pelos próximo ao órgão genital e nas axilas. | Aparecimento de pelos próximo ao órgão genital, no rosto e nas axilas. |
| Desenvolvimento das mamas. | Crescimento do pênis e dos testículos. |
| Aumento da oleosidade da pele e aparecimento de espinhas. | Aumento da oleosidade da pele e aparecimento de espinhas. |
| Ovulação e menstruação. | Produção de espermatozoides e ejaculação. |

Imaginário Stúdio/Arquivo da editora

## ADOLESCÊNCIA

A adolescência dura dos 10 aos 20 anos. Mas isso também pode variar de uma pessoa para a outra.

Durante a adolescência ocorrem muitas mudanças, além das transformações no corpo, há também mudanças nos gostos e no modo de agir. É comum que na adolescência as pessoas queiram experimentar coisas novas, como roupas diferentes, novos penteados; começam a ter vontade de namorar ou até de fazer tatuagens e colocar *piercings*. No Brasil, uma pessoa menor de 18 anos só pode fazer tatuagens ou colocar *piercings* com a autorização dos pais ou responsáveis.

Normalmente os adolescentes buscam grupos de amigos que tenham os mesmos interesses, os mesmos gostos, a fim de uma identificação mais amigável. Mas lembre-se de que ninguém precisa agradar todo mundo. Devemos nos sentir confortáveis com nós mesmos em todas as fases da vida, fazendo escolhas que sejam boas para nós e não desrespeitem os outros.

Pressmaster/Shutterstock/Glow Images

Numa fase de transformações, é importante que haja amizade e muito diálogo no convívio familiar. A família pode ajudar a compreender melhor os conflitos vividos na adolescência.

asife/Shutterstock/Glow Images

# SISTEMA GENITAL

O corpo humano possui um sistema de órgãos especializado para a reprodução. Esse sistema, chamado genital, é muito diferente nas mulheres e nos homens.

## SISTEMA GENITAL FEMININO

Como vimos, a partir da puberdade as meninas começam a ovular: uma vez por mês, um ovócito é liberado e passa para a tuba uterina, onde pode ocorrer a fecundação na presença de espermatozoides. Observe abaixo o esquema do sistema reprodutor feminino.

Mensalmente (aproximadamente a cada 28 dias), o útero é preparado para receber um embrião, fruto da fecundação de um ovócito por um espermatozoide.

Mas se a fecundação não acontecer, haverá um sangramento, que é o que chamamos **menstruação**. A menstruação é a descamação da face interna do útero. Ela ocorre todo mês enquanto houver ovulação e não houver a fecundação.

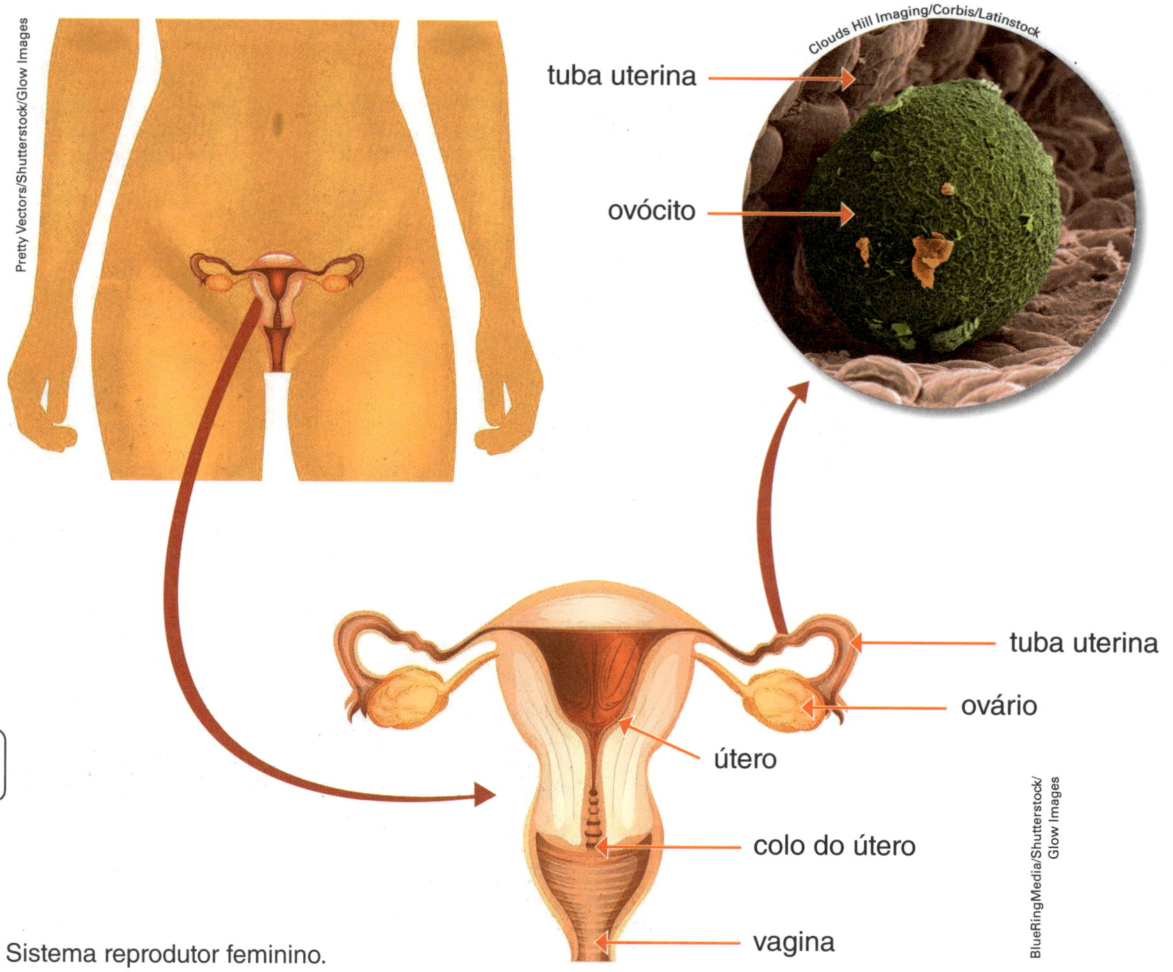


As imagens não estão representadas em proporção entre si.

Sistema reprodutor feminino.

## SISTEMA GENITAL MASCULINO

Na puberdade, os testículos começam a formar espermatozoides, as células sexuais masculinas. Os espermatozoides ficam armazenados até que haja uma ejaculação.

Na ejaculação, os espermatozoides passam pela **uretra**, que é o mesmo canal por onde passa a urina.

Antes de sair pela uretra, os espermatozoides se misturam a líquidos produzidos pelas **vesículas seminais** e pela **próstata**. Esse conjunto de espermatozoides e líquidos chama-se sêmen.

Quando os meninos entram na puberdade, é comum que tenham ejaculações involuntárias enquanto dormem. É a chamada **polução noturna**. Esse é um fenômeno normal e saudável, que não causa nenhum mal ao organismo. Quando os homens atingem a idade adulta e iniciam a vida sexual, as poluções noturnas se tornam menos frequentes.

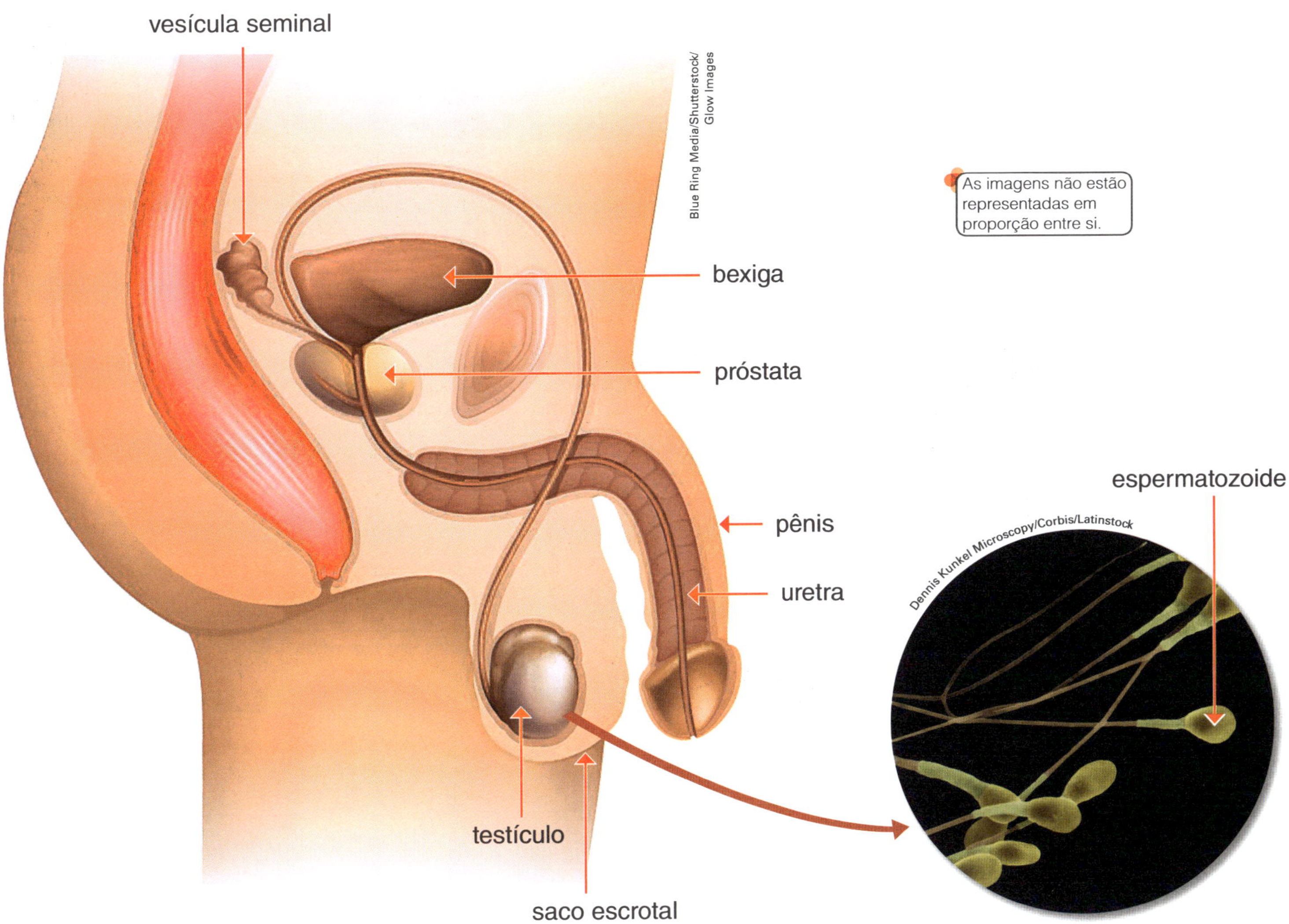


As imagens não estão representadas em proporção entre si.

## GRAVIDEZ

**embrião:** início do desenvolvimento, quando os órgãos estão sendo formados.

**feto:** fase que começa cerca de 8 semanas após a fecundação.

A gravidez acontece quando, depois de uma relação sexual, o ovócito é fecundado pelo espermatozoide, formando uma nova célula. Essa célula irá se dividir muitas vezes até formar o embrião. Três ou quatro dias depois da fecundação, o embrião é formado por poucas células e tem cerca de 0,1 milímetro de diâmetro.

As células do embrião continuam se dividindo até o feto se desenvolver. Com cerca de dois meses, o feto já tem braços e pernas. Também é possível observar o cordão umbilical, por onde ele recebe da mãe o gás oxigênio e os nutrientes de que necessita.

David Mack/SPL/Latinstock

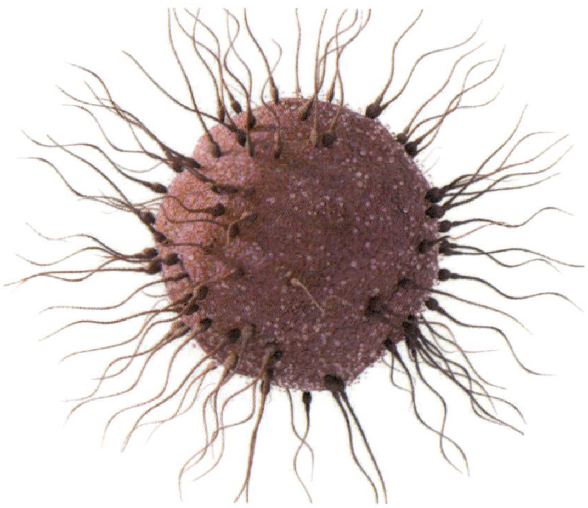

Fecundação.

Dr. G. Moscoso/SPL/Latinstock

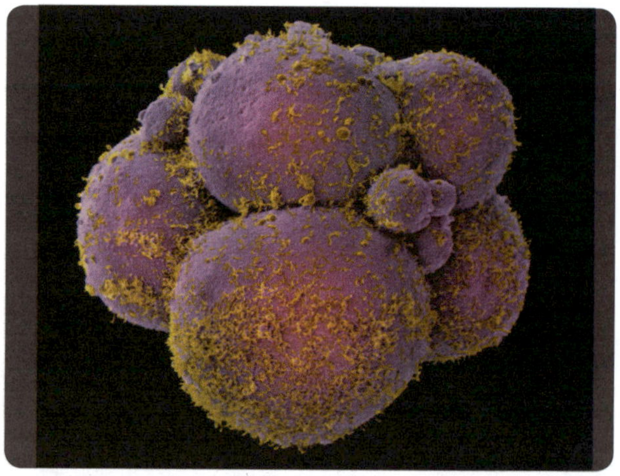

Embrião: poucas células.

Keith/SPL/Latinstock

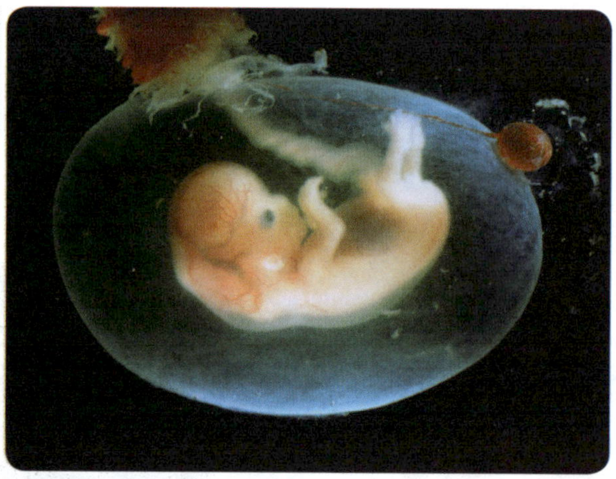

Feto no início da gravidez.

Lena S./Shutterstock/Glow Images

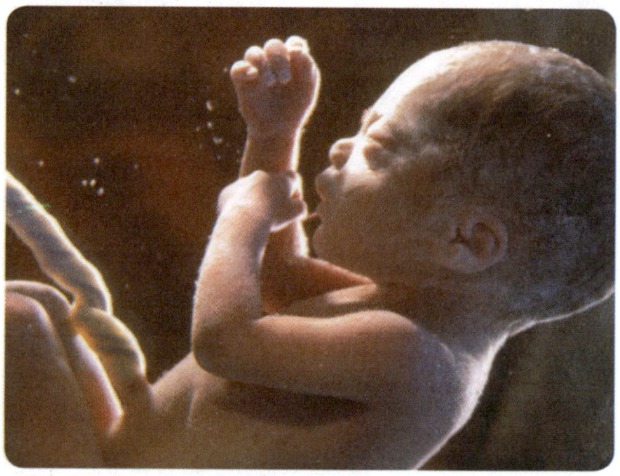

Feto no final da gravidez.

As imagens não estão representadas em proporção entre si.

Com os órgãos e sistemas já formados, depois de cerca de 36 semanas, o bebê está pronto para nascer. Perto da hora do nascimento, o bebê fica posicionado, na maioria das vezes, de cabeça para baixo. Dessa maneira, na hora do parto o que surge primeiro é sua cabeça.

Quando o bebê está pronto para nascer há o rompimento da bolsa cheia de líquido, que protege o feto. No momento do parto natural, os músculos do útero se contraem e relaxam empurrando o bebê para baixo e fazem o colo do útero se abrir, permitindo a saída do bebê.

A placenta se desprende do útero e o cordão umbilical, que liga o bebê ao corpo da mãe, é cortado pelo médico. A partir desse momento, os pulmões do bebê se enchem de ar e ele passa a respirar por conta própria.

É muito comum o bebê chorar logo após o nascimento. O choro permite ao bebê inspirar o ar, expandir os pulmões e realizar as trocas gasosas necessárias para o funcionamento do seu organismo fora do útero materno.

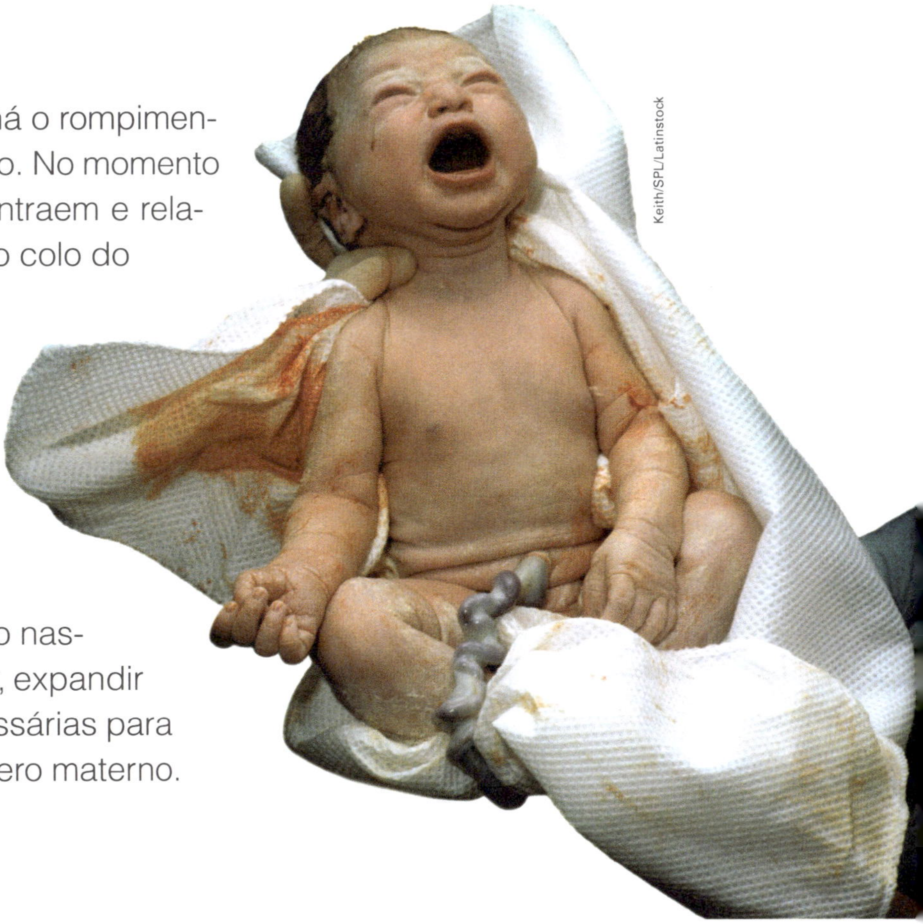

Keith/SPL/Latinstock

Recém-nascido.

## MÉTODOS ANTICONCEPCIONAIS

Apesar de já estarem fisicamente prontos para se reproduzir, os adolescentes geralmente não estão preparados para as responsabilidades de criar um filho. Por isso, é importante que usem métodos anticoncepcionais para evitar uma gravidez indesejada.

Com a utilização de métodos anticoncepcionais, como a pílula e a camisinha, as pessoas podem decidir o melhor momento para ter filhos.

A camisinha também ajuda a evitar doenças transmitidas pela relação sexual.

### NESTE CAPÍTULO, VOCÊ VIU QUE:

- O corpo humano passa por grandes transformações ao longo dos anos, principalmente durante a puberdade e a adolescência.
- A ovulação é a liberação de ovócitos pelos ovários. Quando não há fecundação desse ovócito, ocorre a menstruação.
- A ejaculação é a liberação de espermatozoides pelo pênis. Em caso de relação sexual, um desses espermatozoides pode fecundar um ovócito.
- Depois da puberdade, meninos e meninas atingem a maturidade sexual e são fisicamente capazes de se reproduzir. Mas ter filhos exige muita responsabilidade.

# ATIVIDADES DO CAPÍTULO

**1.** Leia com atenção a tirinha abaixo.

a) Você aprendeu que durante a puberdade as meninas têm o crescimento acelerado. Por que o vestido que a Mônica comprou não servirá em sua mãe?

_______________________________________________

_______________________________________________

_______________________________________________

b) Quais alterações devem acontecer no corpo da Mônica durante sua puberdade?

_______________________________________________

_______________________________________________

_______________________________________________

_______________________________________________

_______________________________________________

c) E no corpo de um menino? Que alterações ocorrem durante a puberdade?

_______________________________________________

_______________________________________________

_______________________________________________

_______________________________________________

2. O sistema genital feminino é formado pelos seguintes órgãos internos: ovários, tubas uterinas, útero e vagina. Relacione as colunas abaixo.

| | | | |
|---|---|---|---|
| **A** | ovários | ( ) | Através delas os ovócitos chegam ao útero. |
| **B** | tubas uterinas | ( ) | Produzem os ovócitos. |
| **C** | útero | ( ) | Liga o útero ao exterior do corpo. |
| **D** | vagina | ( ) | Órgão musculoso e oco. |

3. Complete o texto abaixo com base no que você aprendeu sobre o sistema genital feminino.

A partir da puberdade, as meninas começam a liberar ____________________, é a chamada ovulação. Se um deles for fecundado por um ____________________, forma-se uma nova célula, que se desenvolve em ____________________ e, mais tarde, se torna o feto. Caso não aconteça a fecundação, ocorre a descamação das paredes internas do útero, é a ____________________.

4. A adolescência compreende a fase entre a infância e a idade adulta. No entanto, esse período significa muito mais do que isso. No seu entendimento, como podemos definir essa fase da vida?

______________________________________________________________________

______________________________________________________________________

______________________________________________________________________

5. "Ter filhos exige muita responsabilidade". Quais são as formas que você conhece para evitar a gravidez indesejada? Como esses métodos funcionam?

______________________________________________________________________

______________________________________________________________________

______________________________________________________________________

______________________________________________________________________

CAPÍTULO

# 3 ÁGUA E SAÚDE

## A IMPORTÂNCIA DA ÁGUA

- **Ao longo do dia, sentimos sede e bebemos água de tempos em tempos. O que acontece com essa água dentro do nosso corpo?**

paulaphoto/Shutterstock/Glowimage

A água é extremamente importante para todos os seres vivos, inclusive os seres humanos. A maior parte do corpo de uma pessoa é composta de água.

A água faz parte da composição do sangue, da saliva, do suor e de outros líquidos do corpo. Ela ainda mantém os tecidos sempre úmidos, preenchendo nossas células para que elas possam receber nutrientes e eliminar os seus resíduos.

Além de beber, também usamos água para cozinhar, para higiene pessoal e para limpeza, para o lazer, para o transporte, etc.

Titus Lacoste/Shutterstock/Glow Images

Iroha/Photodisc/Glow Images

Shutterstock/Glow Images

Alguns dos diversos usos da água no nosso dia a dia.

## O SANEAMENTO BÁSICO

### A DISTRIBUIÇÃO DA ÁGUA

Na natureza encontramos água líquida principalmente nos mares, nos rios, nos lagos e na chuva. Além disso, existe água embaixo da terra e, para usá-la, cavamos **poços**.

- Na sua casa, de onde vem a água que você bebe? E a água que você usa para tomar banho?

A água que consumimos deve ser **potável**, ou seja, própria para ser bebida. Ela pode vir diretamente de rios ou de poços limpos, mas em geral é preciso tratar a água para torná-la potável.

Se a água não tiver sido tratada em estações de tratamento, é importante fervê-la antes de consumir.

Fabio Colombini/Acervo do fotógrafo

Poço construído no Piauí.
A água é retirada com um balde.

Reprodução/Arquivo da editora

A água do fundo da terra vem dos chamados lençóis freáticos.

Na maioria das cidades grandes, a água usada nas casas vem de represas. Dessas represas, a água é encaminhada para **estações de tratamento**, onde se torna própria para o consumo. Só então ela chega às casas por meio de encanamentos.

**lençóis freáticos:** reservatórios formados pela infiltração da água da chuva no solo.
**represas:** construções feitas para armazenar a água dos rios.

## O TRATAMENTO DA ÁGUA

A água é levada da represa para a estação de tratamento por meio de canos, e então começa o processo de limpeza e purificação.

Primeiro, a água passa por grades que seguram os resíduos maiores, como madeira, pedras e folhas. Em seguida, a água chega a um tanque e recebe produtos químicos que grudam em certas impurezas, formando flocos. Dessa forma, a sujeira pode ser removida mais facilmente.

**decantação:** processo de separação de misturas.

Depois, a água passa lentamente por tanques de decantação. Ali, outra parte da sujeira se deposita no fundo e pode ser separada. Na etapa seguinte, a água passa por filtros de areia que retêm partículas menores de sujeira.

Finalmente, a água recebe cloro, uma substância que mata microrganismos. Também se adiciona flúor à água, o qual ajuda a prevenir a cárie nos dentes.

Você viu como é cuidadoso o tratamento da água? A água é um bem precioso e por isso não devemos desperdiçá-la!

Valter Campanato/Abr

Esquema simplificado de estação de tratamento de água.

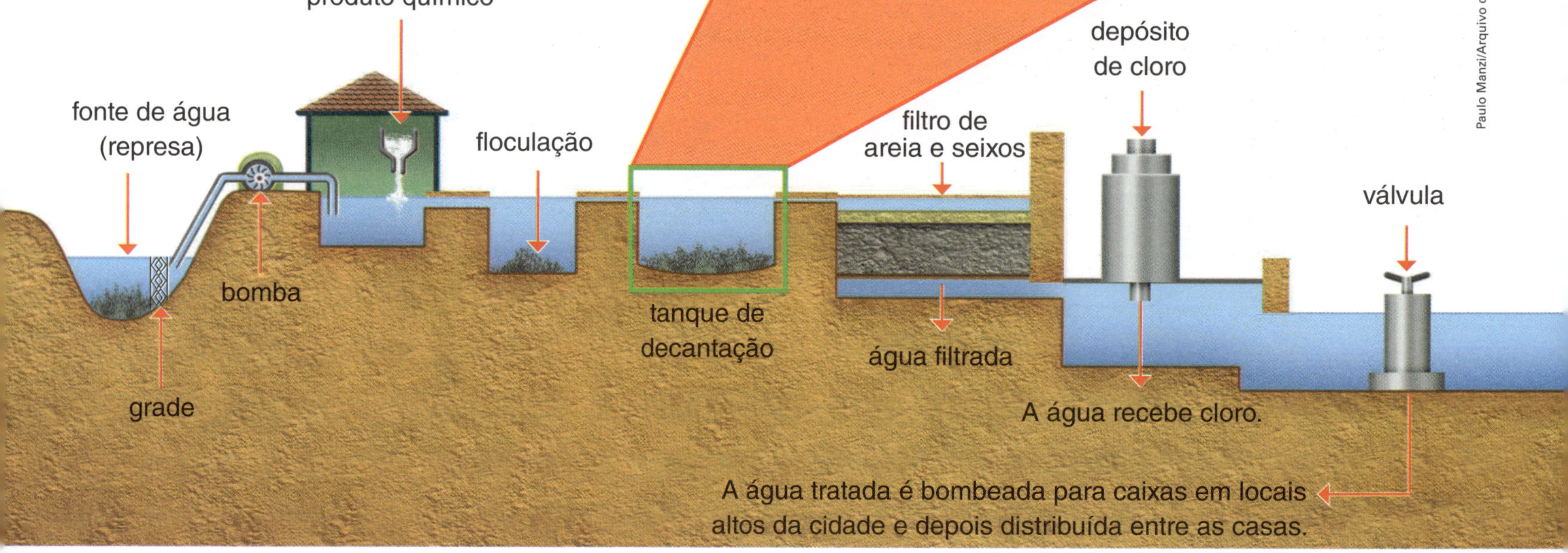


Paulo Manzi/Arquivo da editora

## RECOLHIMENTO DE ESGOTO

- Depois que utilizamos a água, para onde ela vai?

Piotr Wawrzyniuk/Shutterstock/Glow Images

Em locais com rede de esgoto, a água que usamos escorre pelo ralo e é levada por canos até **estações de tratamento de esgoto**. Antes de ser despejado em rios ou no mar, o esgoto deve ser tratado para diminuir a poluição e o impacto sobre o ambiente.

Veja abaixo algumas das etapas do tratamento de esgoto.

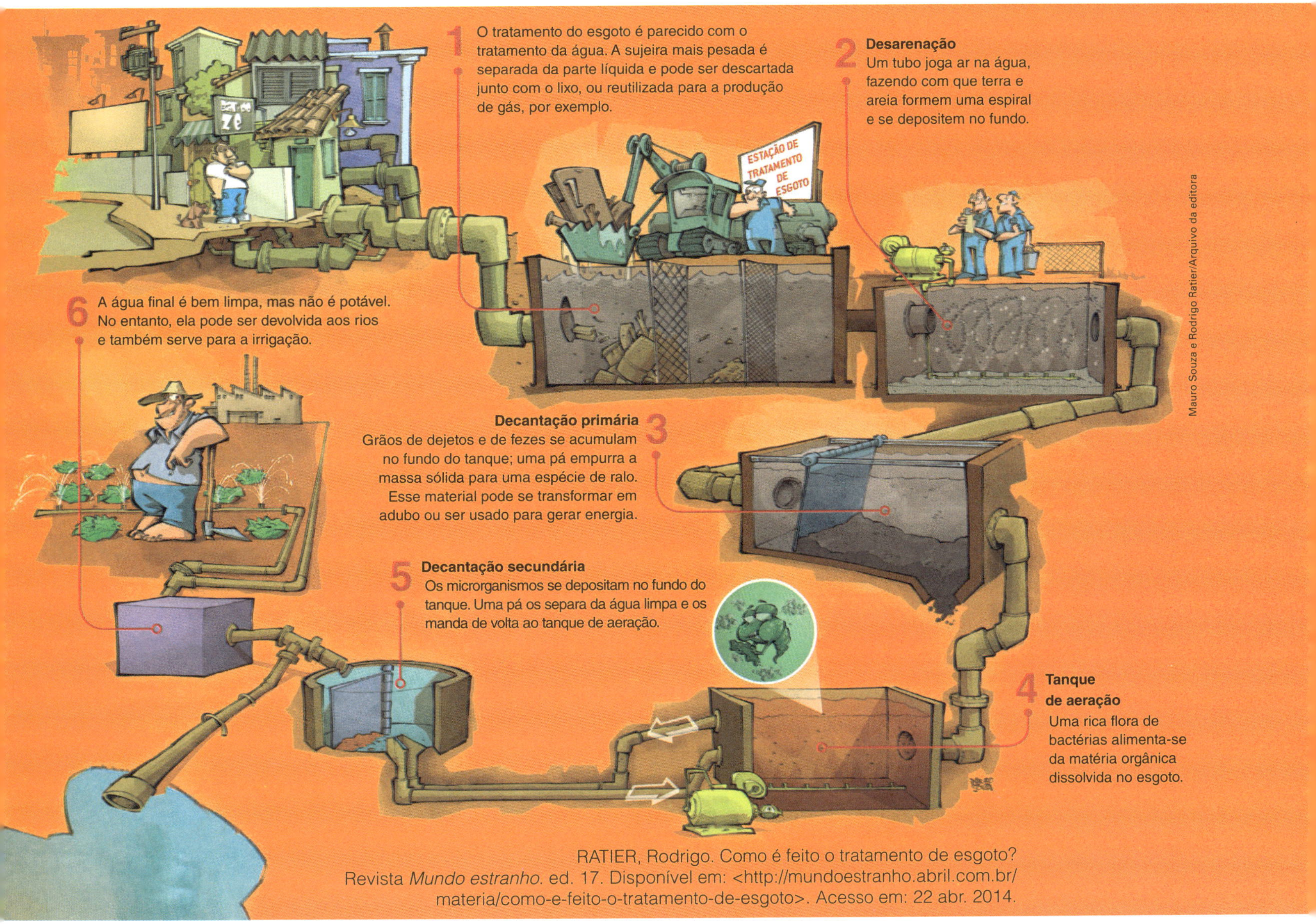


Mauro Souza e Rodrigo Ratier/Arquivo da editora

RATIER, Rodrigo. Como é feito o tratamento de esgoto? Revista *Mundo estranho*. ed. 17. Disponível em: <http://mundoestranho.abril.com.br/materia/como-e-feito-o-tratamento-de-esgoto>. Acesso em: 22 abr. 2014.

Em lugares onde não há rede de esgotos ou estações de tratamento, a água suja que sai das casas é despejada diretamente em córregos e rios.

- O que você acha que acontece nos córregos e rios que recebem esgoto não tratado?

SAÚDE DO CORPO

## DOENÇAS RELACIONADAS À ÁGUA

Tanto o tratamento da água como a rede de esgotos trazem benefícios ao ambiente e à saúde individual e coletiva.

A água suja pode estar contaminada por microrganismos que causam doenças. Muitos desses microrganismos são eliminados pelas fezes das pessoas doentes e podem acabar contaminando outras pessoas.

A figura abaixo mostra um exemplo de como as doenças podem ser transmitidas pela água contaminada.

### CICLO DE VIDA DA LOMBRIGA

Estúdio Ornitorrinco/Arquivo da editora

**saneamento básico:** medidas que garantem a limpeza de um bairro ou cidade, dando bem-estar e saúde aos habitantes. Por exemplo: água tratada, rede de esgoto e recolhimento apropriado dos resíduos.

As doenças causadas por falta de saneamento básico geralmente provocam diarreia e desnutrição e podem levar à morte, principalmente quando afetam crianças. Além da **lombriga**, podemos citar a **cólera** e a **hepatite** como doenças que ocorrem pela carência dessas medidas.

- Se você fosse eleito prefeito de sua cidade, que medidas tomaria para evitar que as pessoas se contaminassem pela cólera ou por lombrigas?

Mesmo sem rede de água ou de esgoto, há algumas medidas que podemos tomar para evitar doenças transmitidas por água e alimentos contaminados:

- ferver a água antes do consumo;
- higienizar os alimentos com água fervida e cloro;
- lavar as mãos sempre antes de comer e depois de usar o banheiro;
- não tomar água de origem desconhecida;
- não entrar em rios e lagoas que possam estar contaminados por esgoto não tratado.

Também é preciso ficar atento em casos de enchente, pois a água pode estar contaminada. A bactéria causadora da **leptospirose**, por exemplo, pode estar presente na urina de ratos e se misturar à água da enchente. Essa bactéria pode entrar pela pele e, portanto, a pessoa pode se contaminar mesmo sem beber a água.

Ratikova/Shutterstock/Glow Images

O uso de galochas é muito importante em casos de enchente para prevenir a leptospirose.

## OUTRAS DOENÇAS

Existem também doenças relacionadas de forma indireta à água, como infecções causadas por mosquitos que se reproduzem em água doce parada, como a dengue, a febre chikungunya, a zika e a febre amarela.

Essas doenças são transmitidas por mosquitos que picam os seres humanos. Os transmissores se proliferam dentro de recipientes onde se acumulam água limpa (vasos de plantas, pneus velhos, caixas-d'água, etc.).

De que maneira podemos evitar essas doenças? Como já vimos, algumas dessas doenças podem ser combatidas com a adoção de medidas de saneamento básico. Outras podem ser evitadas pela eliminação de mosquitos transmissores de doenças.

Estúdio Ornitorrinco/Arquivo da editora

Maneiras de acabar com os mosquitos da dengue:

- Não deixar água parada em pneus, garrafas e outros objetos que acumulem água. O ideal é fazer furos nesses objetos para evitar o acúmulo de água.
- A vasilha que fica abaixo dos vasos de plantas não pode ter água parada. Deixar essas vasilhas sempre secas ou preenchê-las com areia.
- Vasilhas que servem para animais (gatos, cachorros) beber água não devem ficar mais do que um dia com a água sem trocar.
- Garrafas ou outros recipientes semelhantes (latas, vasilhas, copos) devem ser armazenados em locais cobertos e sempre de cabeça para baixo. Se não forem usados devem ser embrulhados em sacos e descartados no lixo (fechado).
- Não descartar lixo em terrenos baldios e manter a lata de lixo sempre bem fechada.

A melhor maneira de acabar com os mosquitos é evitar que eles nasçam.

## NESTE CAPÍTULO, VOCÊ VIU QUE:

- A água é extremamente importante para os seres vivos, por fazer parte da composição de seu corpo e manter o equilíbrio do organismo.
- Até chegar em nossas casas a água passa por uma estação de tratamento e por redes de distribuição.
- Após utilizarmos a água, ela é levada por canos até estações de tratamento de esgoto.
- Para evitar diversas doenças devemos consumir apenas água tratada, além de eliminar os criadouros de mosquito, não entrar em contato com a água das enchentes e tratar o esgoto.

# ATIVIDADES DO CAPÍTULO

1. Use as palavras do quadro abaixo para formular, em seu caderno, um parágrafo sobre a importância da água para os seres humanos.

| sangue | saliva | suor | células | beber |
|---|---|---|---|---|
| cozinhar | limpeza | lazer | transporte | |

2. Numere as etapas abaixo na ordem em que elas acontecem numa estação de tratamento.

- [ ] A água passa por filtros de areia que retêm partículas menores de sujeira entre seus grãos.
- [ ] A água é bombeada da represa para a estação de tratamento por meio de canos.
- [ ] A água passa lentamente por tanques de decantação, e a sujeira se deposita no fundo desses tanques.
- [ ] A água recebe cloro e flúor.
- [ ] A água recebe algumas substâncias químicas que se juntam à sujeira, formando flocos que são removidos facilmente.
- [ ] A água passa por grades que barram pedaços grandes de resíduos, como madeira, pedras e folhas.

3. Dê três exemplos de doenças que podem ser transmitidas por meio da água. Como é possível evitar essas doenças?

______________________________________________

______________________________________________

______________________________________________

______________________________________________

______________________________________________

______________________________________________

4. Explique com suas palavras como os ovos de lombriga podem chegar ao tubo digestório humano.

5. Imagine que sua tia fuma cigarros e ingere bebidas alcoólicas com bastante frequência. Ela adora comer salgadinhos e não faz nenhuma atividade física. O que você recomenda para que sua tia tenha uma vida mais saudável?

6. Além das doenças que podem ser transmitidas por água contaminada, que outras doenças relacionadas à água você conhece?

7. Em grupo, selecionem informações em revistas, livros ou na *internet* sobre a dengue. Depois, com a ajuda do professor, confeccionem cartazes que mostrem os potenciais criadouros identificados na sua casa e na sua escola. Ao final, os cartazes poderão ser expostos para a comunidade escolar.

Simone Ziasch/Arquivo da editora

# ENTENDER E PRATICAR CIÊNCIAS

## DECANTAÇÃO E FILTRAÇÃO

Vamos fazer um experimento para compreender como ocorre a decantação e a filtração, utilizadas no tratamento da água.

**MATERIAL**

- colher
- duas garrafas de plástico
- água
- terra
- funil
- pedras
- areia
- algodão

**Procedimento**

1. Usando a colher e o funil, coloque um pouco de terra dentro de uma das garrafas. Em seguida, encha a garrafa com água e misture. Passe um dia sem mexer a garrafa.

Fotos: Sérgio Dotta Jr/Arquivo da editora

Projeto LUMIRÁ

Ciências 5

# Miniatlas Corpo humano

editora ática

editora ática

Diretoria editorial
Lidiane Vivaldini Olo
Gerência editorial
Luiz Tonolli
Editora responsável
Heloisa Pimentel
Coordenação da edição
Isabel Rebelo Roque
Edição
Daniella Drusian Gomes
Gerência de produção editorial
Ricardo de Gan Braga
Arte
Andréa Dellamagna (coord. de criação),
Talita Guedes (progr. visual de capa e miolo),
André Gomes Vitale (coord.),
Mauro Roberto Fernandes (edição e diagram.)
Revisão
Hélia de Jesus Gonsaga (ger.), Rosângela Muricy (coord.),
Ana Curci, Gabriela Macedo de Andrade,
Patrícia Travanca e Paula Teixeira de Jesus
Brenda Morais e Gabriela Miragaia (estagiárias)
Iconografia
Sílvio Kligin (superv.),
Denise Durand Kremer (coord.), Angelita Cardoso (pesquisa)
Cesar Wolf e Fernanda Crevin (tratamento de imagem)
Ilustrações
Estúdio Icarus CII – Criação de Imagem (frontispício) e
Osni de Oliveira


Avenida das Nações Unidas, 7221, 3º andar, Setor A
Pinheiros – São Paulo – SP – CEP 05425-902
Tel.: 4003-3061
www.atica.com.br / editora@atica.com.br

Dados Internacionais de Catalogação na Publicação (CIP)
(Câmara Brasileira do Livro, SP, Brasil)

Projeto Lumirá : ciências : 2º ao 5º ano / obra coletiva concebida pela Editora Ática ; editora responsável Heloisa Pimentel. – 2. ed. – São Paulo : Ática, 2016. – (Projeto Lumirá : ciências)

1. Ciências (Ensino fundamental) I. Pimentel, Heloisa. II. Série.

16-01516 CDD-372.35

Índices para catálogo sistemático:
1. Ciências : Ensino fundamental 372.35

**2017**

ISBN 978 85 08 17872 8 (AL)
ISBN 978 85 08 17873 5 (PR)

Cód. da obra CL 739147

CAE 565 907 (AL) / 565 908 (PR)

2ª edição
4ª impressão

Impressão e acabamento
Bercrom Gráfica e Editora

# MINIATLAS

Ao longo dos seus anos de estudo, você aprendeu bastante sobre a estrutura e o funcionamento do corpo humano.

Neste **Miniatlas – Corpo humano** você vai encontrar mais informações e curiosidades sobre os sistemas do corpo para que compreenda melhor como ele funciona e o que acontece dentro dele, facilitando os cuidados com sua saúde.

Esperamos que você aprenda e divirta-se!

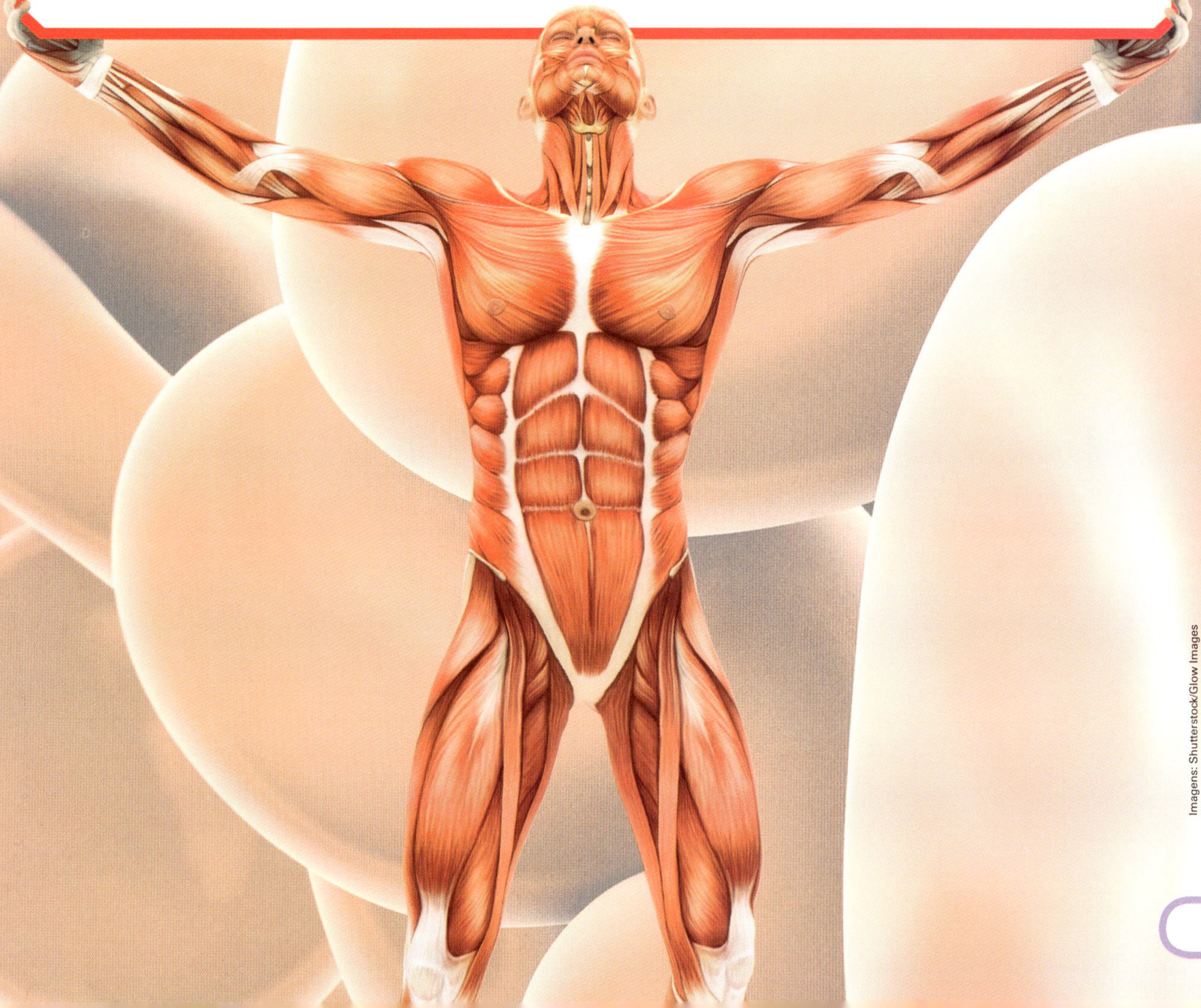

Imagens: Shutterstock/Glow Images

# SUMÁRIO



Ilustrações: Banco de imagens/Arquivo da editora

Imagem de fundo: Shutterstock/Glow Images

# SISTEMA ESQUELÉTICO

O sistema esquelético é composto de ossos e cartilagens.

O esqueleto ósseo desempenha as funções de sustentação corporal, proteção de órgãos internos e produção de sangue, além de ser um reservatório de sais minerais no organismo.

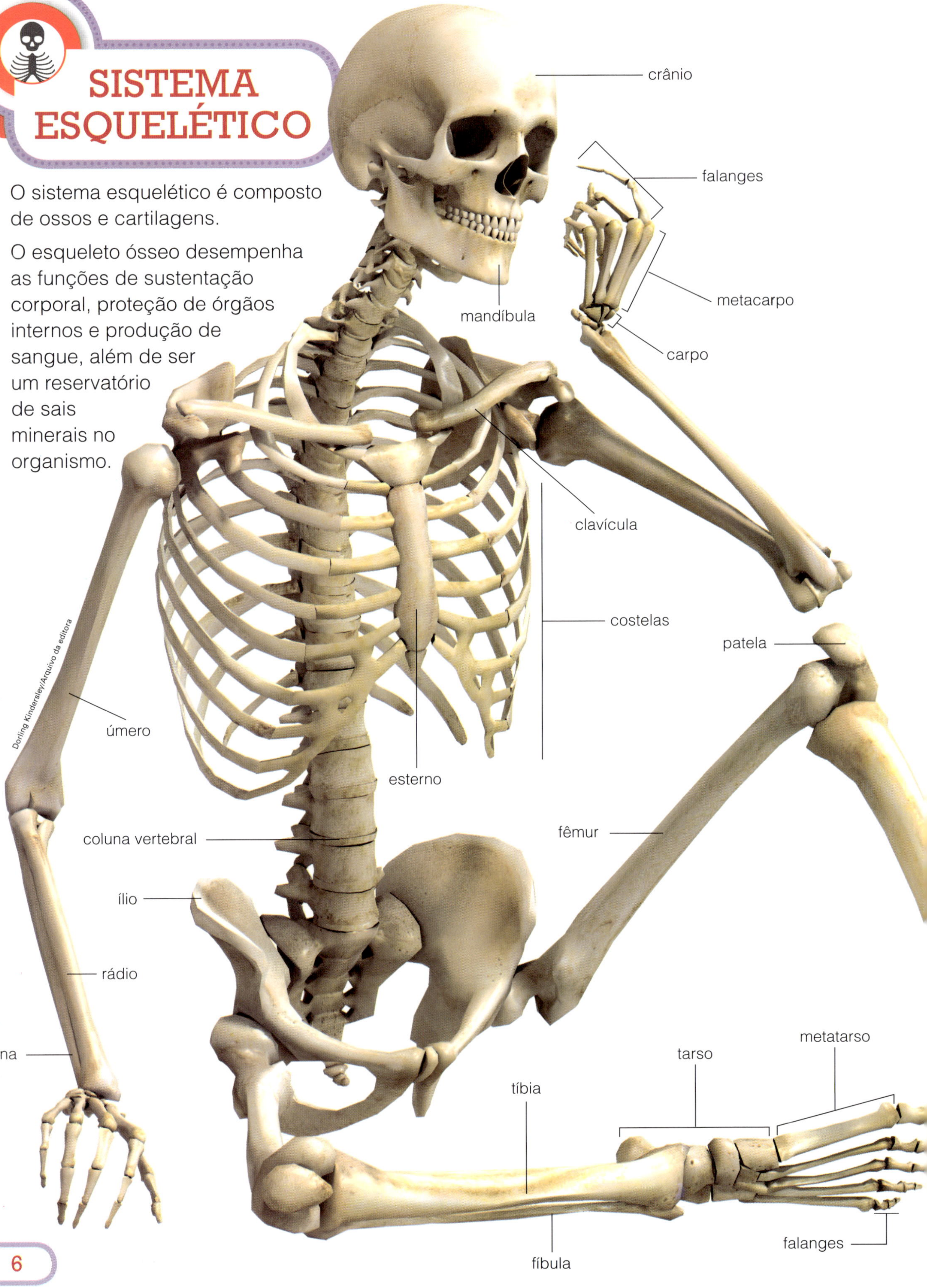

## ARTICULAÇÕES

As extremidades ósseas são recobertas por cartilagens e unidas por ligamentos.

As junções entre dois ossos são chamadas de articulações. Elas podem ser fixas (sem movimento), como as do crânio; semimóveis, como as existentes entre as vértebras da coluna; ou móveis (com movimento), como as do joelho, do braço e do cotovelo.

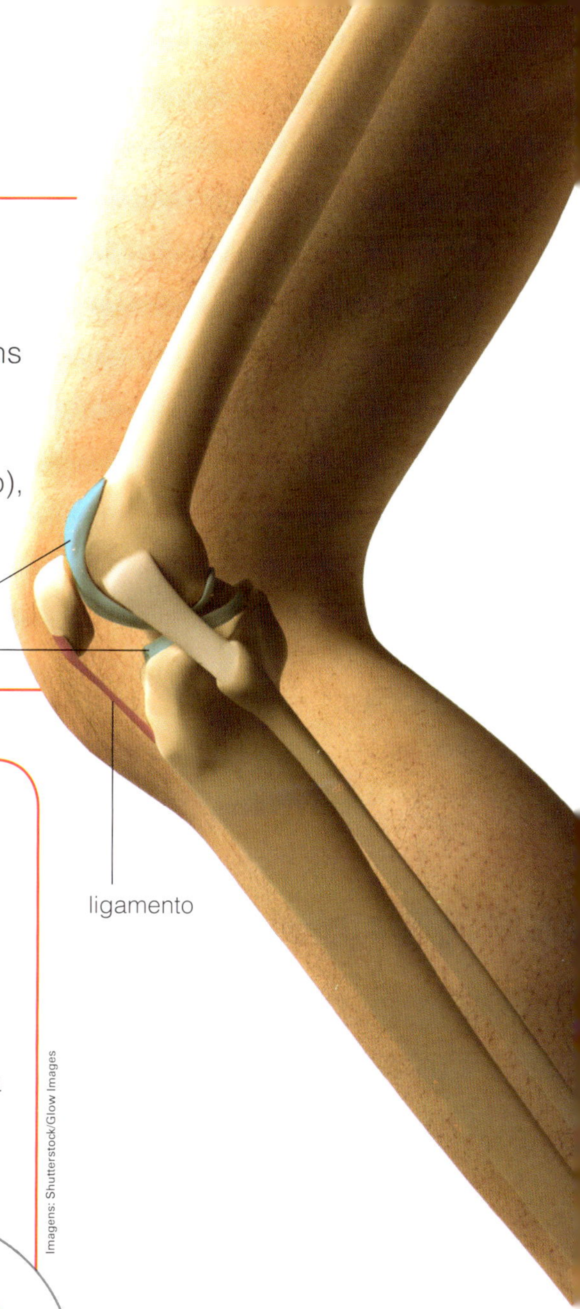


## MEDULA ÓSSEA

A medula óssea é um tecido gelatinoso que ocupa o interior dos ossos. Nela são produzidas as células que compõem o sangue: plaquetas, glóbulos vermelhos e glóbulos brancos.

Quando nascemos, a medula óssea é vermelha e está presente em quase todos os ossos. Com o passar do tempo, grande parte dela é substituída por um tecido gorduroso e passa a receber o nome de medula amarela.

Imagens: Shutterstock/Glow Images

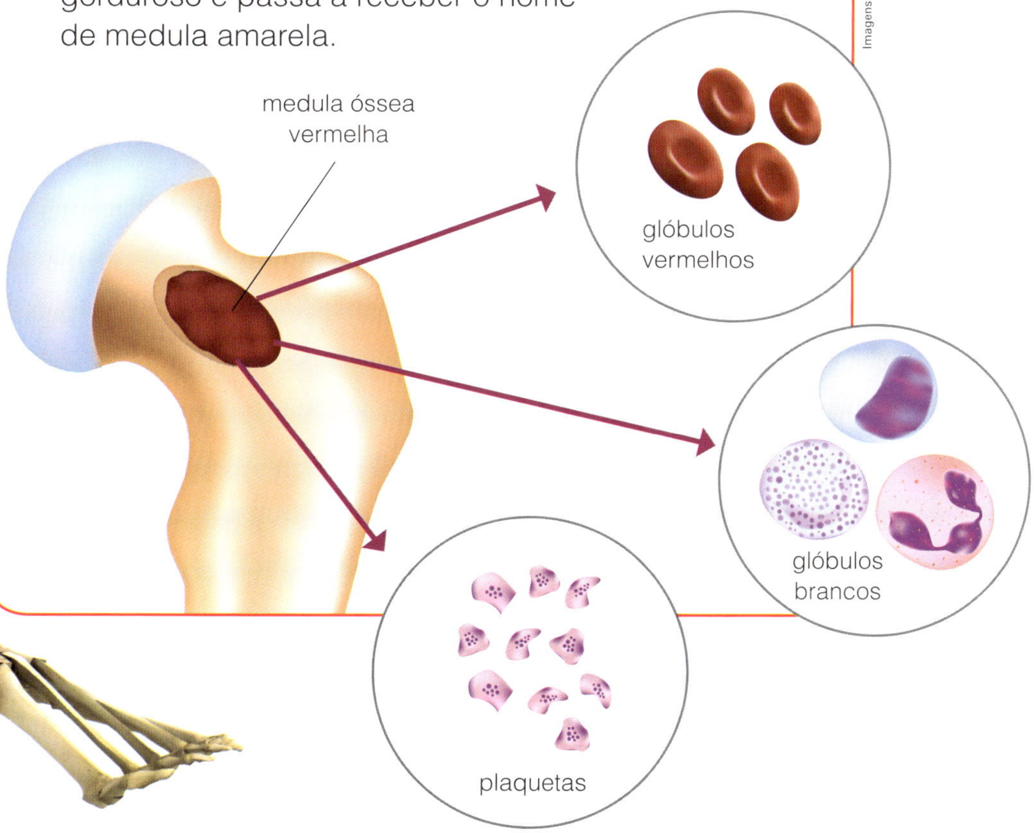

# SISTEMA MUSCULAR

Esse sistema está relacionado com os movimentos do corpo, como a contração dos órgãos do tubo digestório, do coração e das artérias.

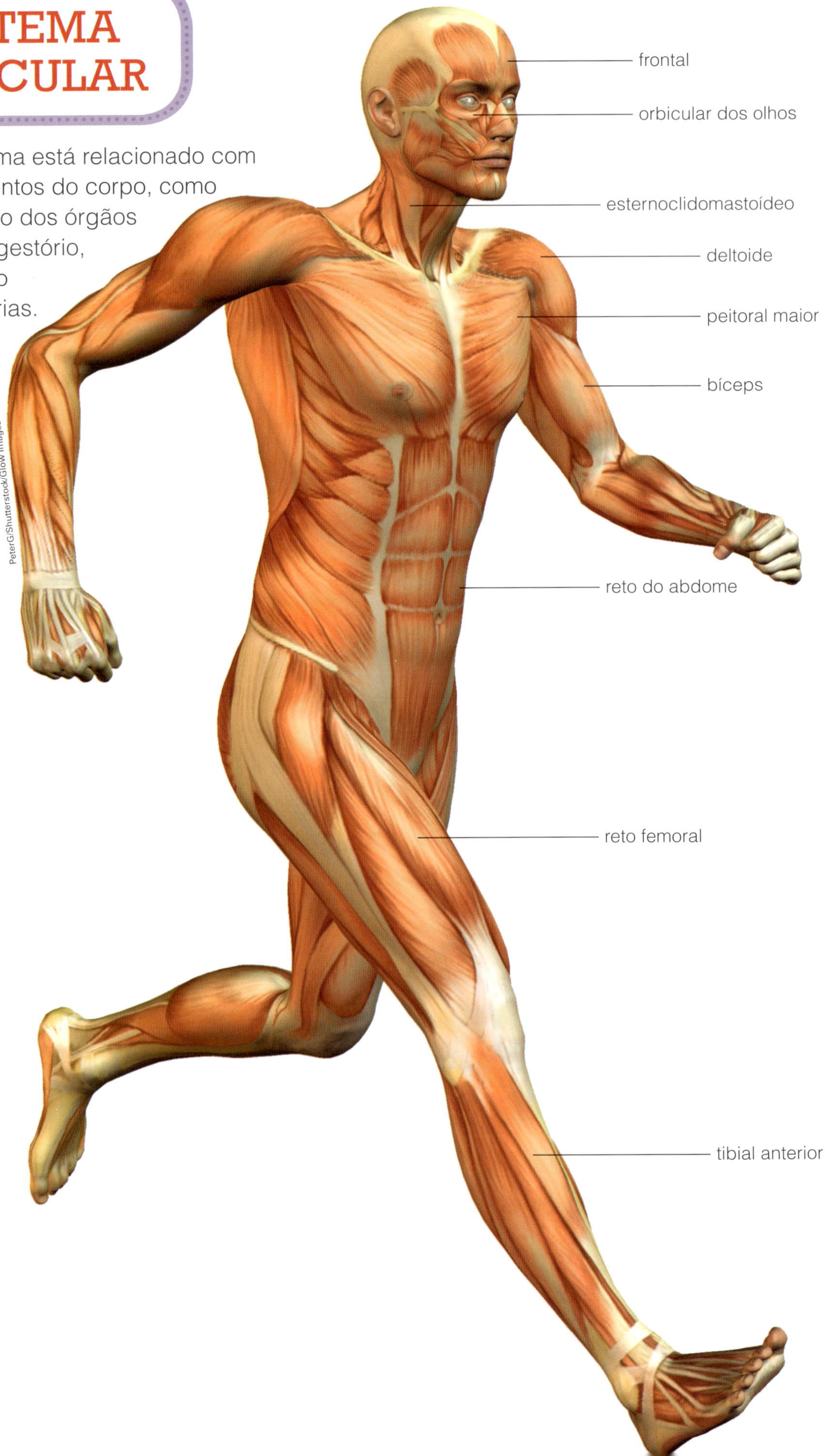


PeterG/Shutterstock/Glow Images

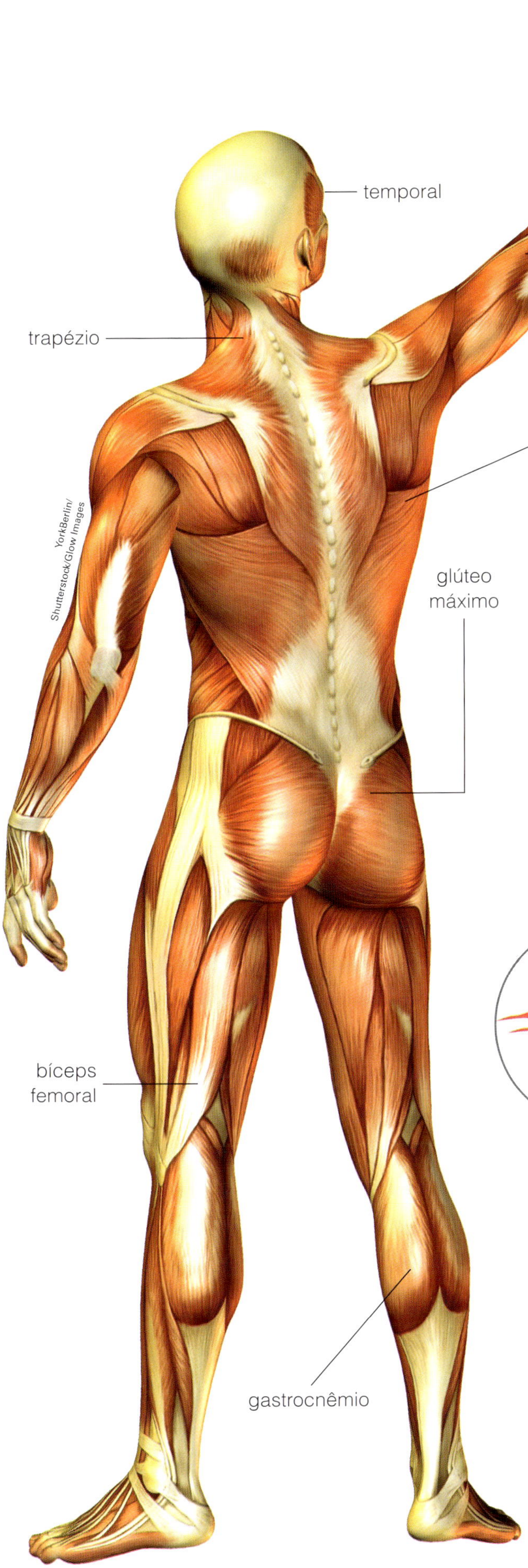


YorkBerlin/
Shutterstock/Glow Images

Os músculos esqueléticos trabalham junto com os ossos para produzir os movimentos do corpo.

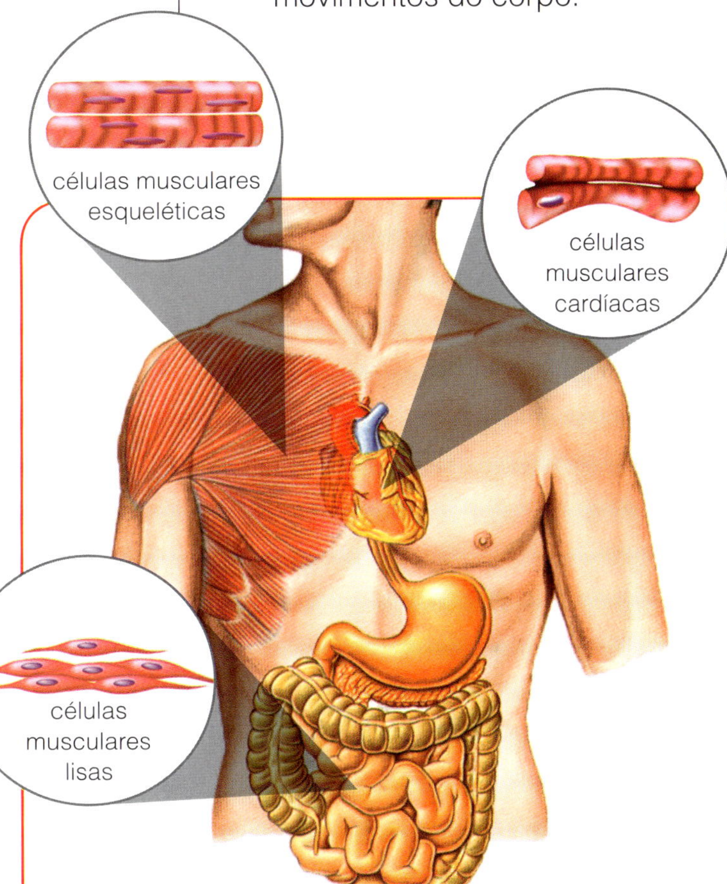


Osni de Oliveira/Arquivo da editora

## TIPOS DE TECIDOS MUSCULARES

No corpo humano existem três tipos de tecido muscular: o **esquelético**, que é voluntário, ou seja, é controlado pela nossa vontade; o **liso**, que envolve as vísceras e é involuntário, isto é, não é controlado pela nossa vontade; e, por fim, o **cardíaco**, também involuntário, que forma o coração.

# SISTEMA NERVOSO

O sistema nervoso coordena e regula as atividades do organismo. Ele é formado pelo sistema nervoso central e pelo sistema nervoso periférico.

O sistema nervoso central é formado pela medula espinal e pelo encéfalo.

O sistema nervoso periférico é composto de pares de nervos cranianos e espinais, gânglios e terminações nervosas que levam impulsos do organismo para o sistema nervoso central e trazem, para esse mesmo sistema, informações das diferentes partes do corpo.

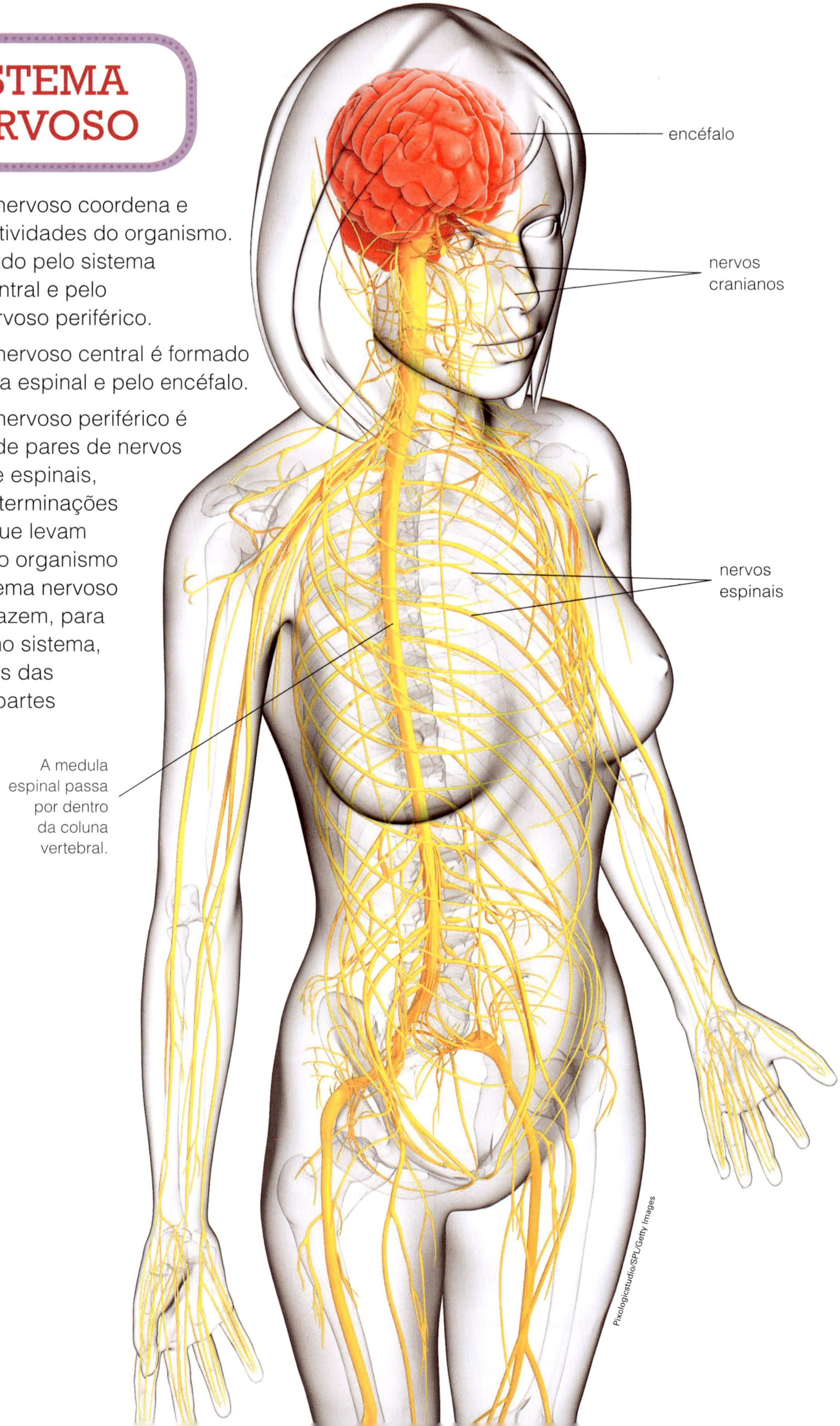

## O ENCÉFALO

O encéfalo está dentro da caixa craniana e é composto, entre outras estruturas, de cérebro, cerebelo e tronco encefálico.

**Encéfalo visto em corte**

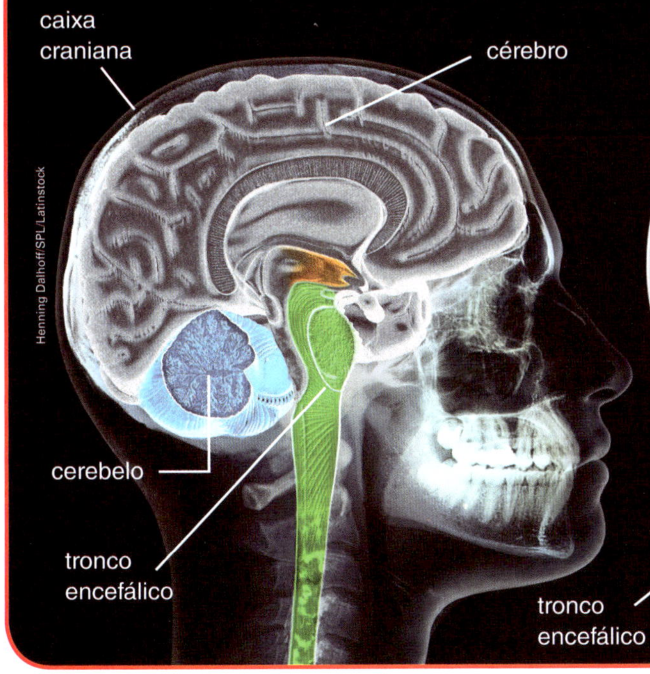


Henning Dalhoff/SPL/Latinstock

**Encéfalo visto por transparência**

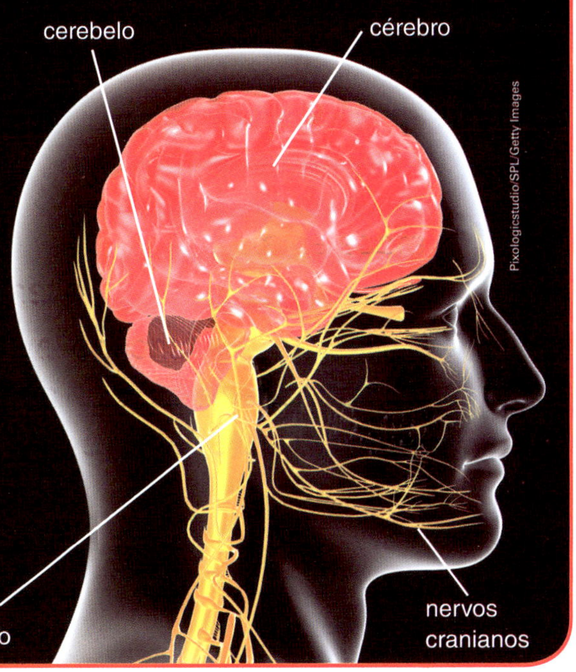


Pixologicstudio/SPL/Getty Images

## O NEURÔNIO

O neurônio é a unidade básica do funcionamento do sistema nervoso. É uma célula que transmite impulsos elétricos, comunicando-se com outros neurônios e outras células.

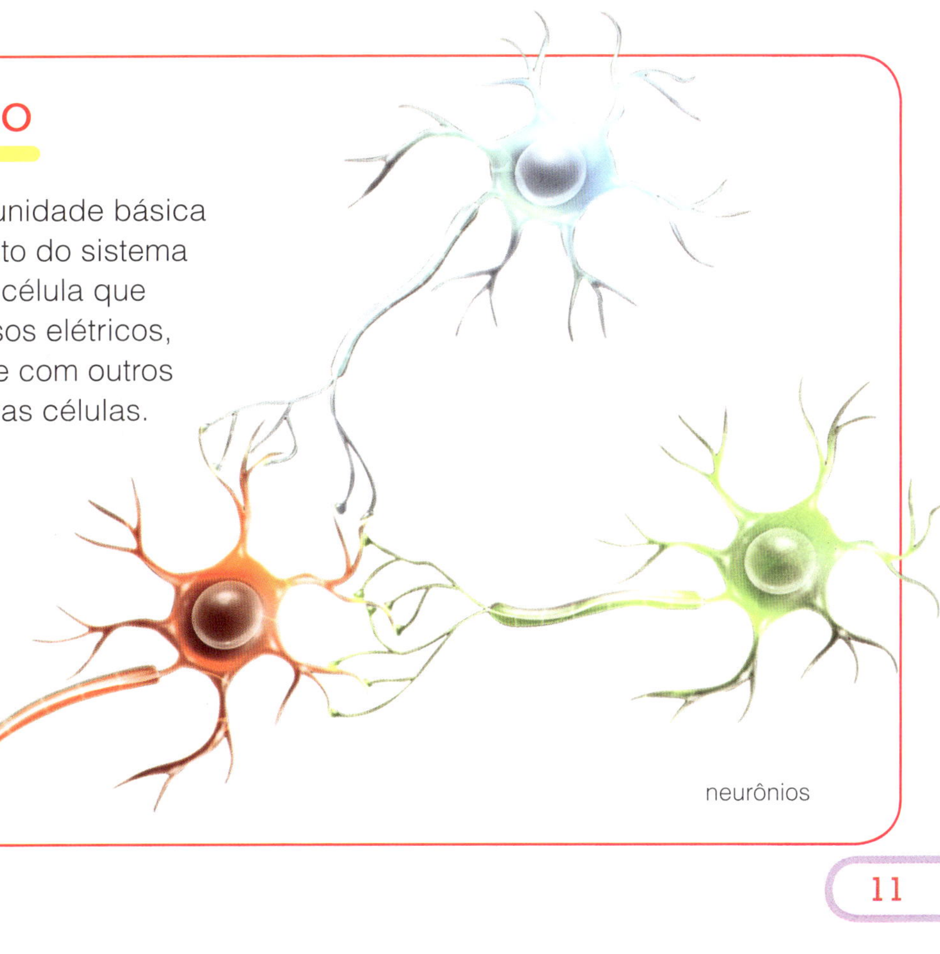

BSIP/UIG/Getty Images

neurônios

# SISTEMA CARDIOVASCULAR

Os vasos sanguíneos (veias e artérias), o coração e o sangue formam o sistema cardiovascular.

Esse sistema tem a função de fazer circular o sangue, transportando nutrientes, hormônios e gases respiratórios por todo o corpo. É pelo sangue que circulam os resíduos das atividades das células e as substâncias em excesso, que serão eliminadas do organismo pela urina, por exemplo.

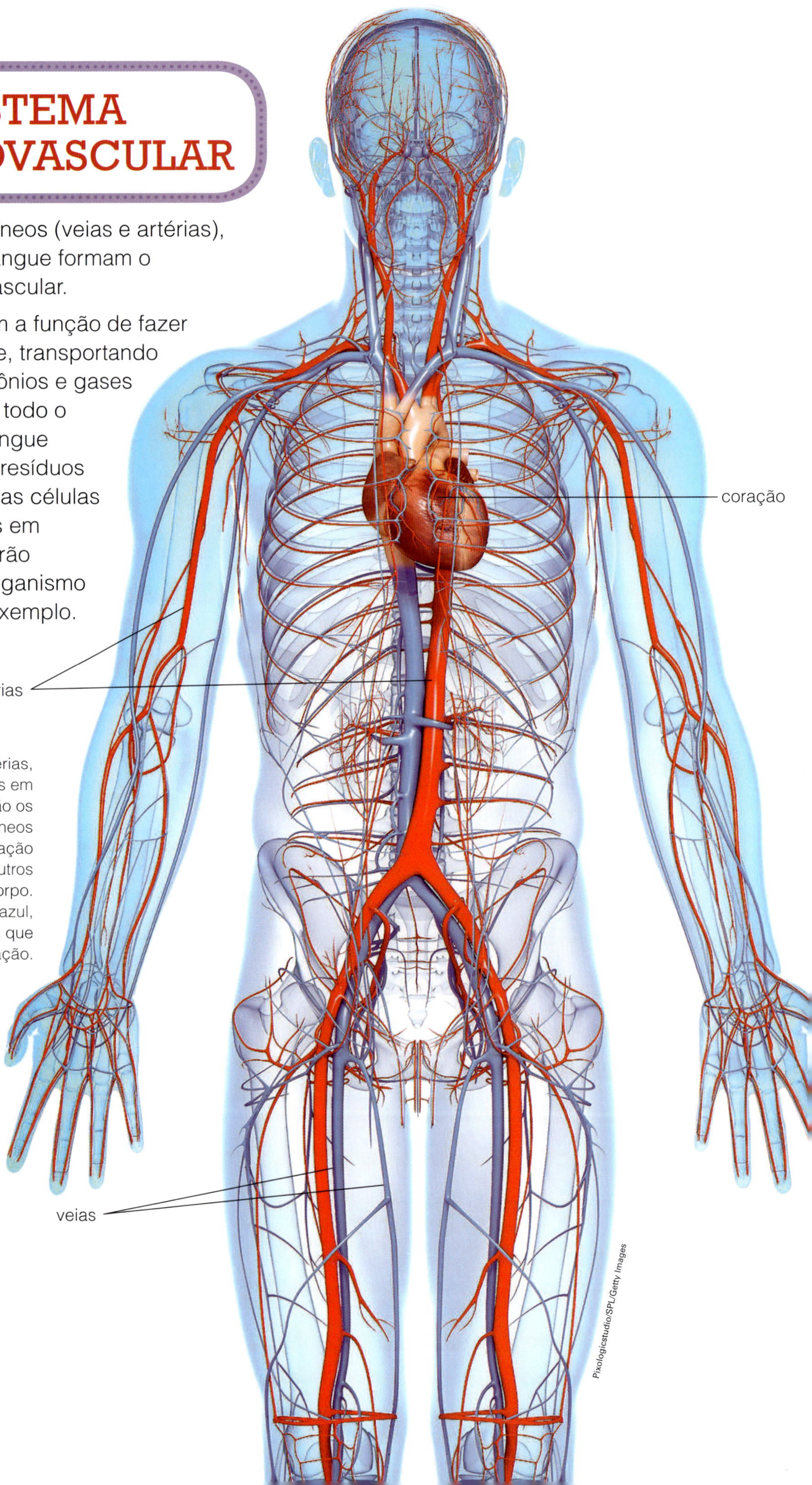


As artérias, representadas em vermelho, são os vasos sanguíneos que saem do coração em direção aos outros órgãos do corpo. As veias, em azul, são os vasos que retornam ao coração.

## O CORAÇÃO

O órgão que bombeia o sangue por todo o organismo é o coração. Para fazer isso, ele precisa bater mais de 100 mil vezes por dia. O coração humano tem quatro compartimentos. Dois deles bombeiam o sangue para o corpo, e os outros dois recebem o sangue de volta.

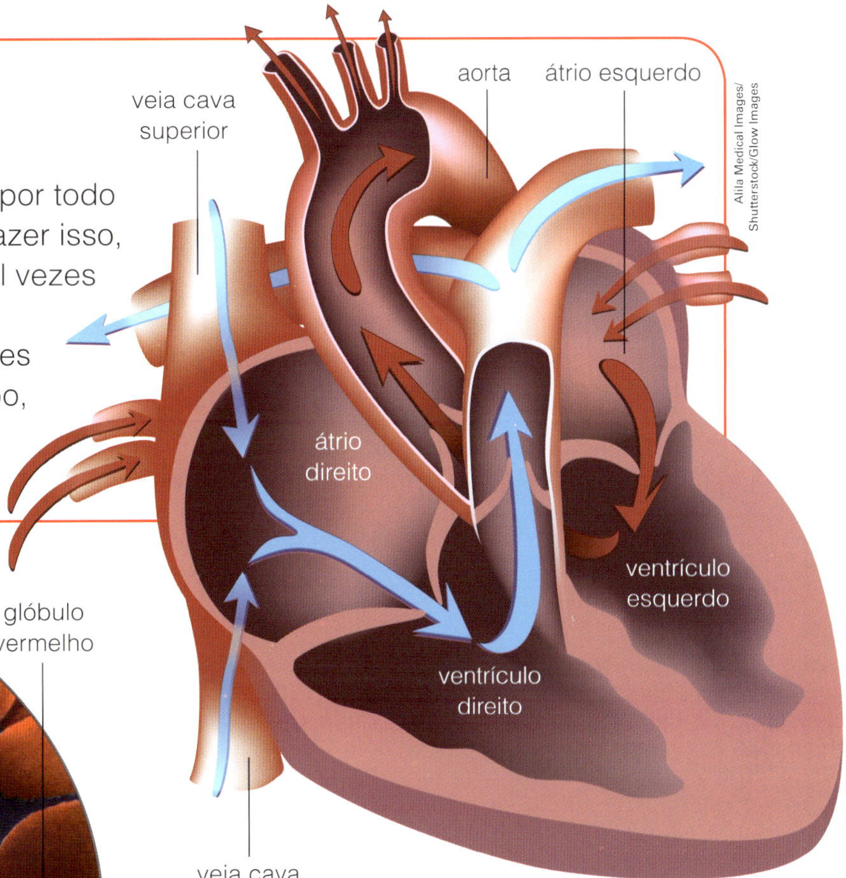

Alila Medical Images/Shutterstock/Glow Images

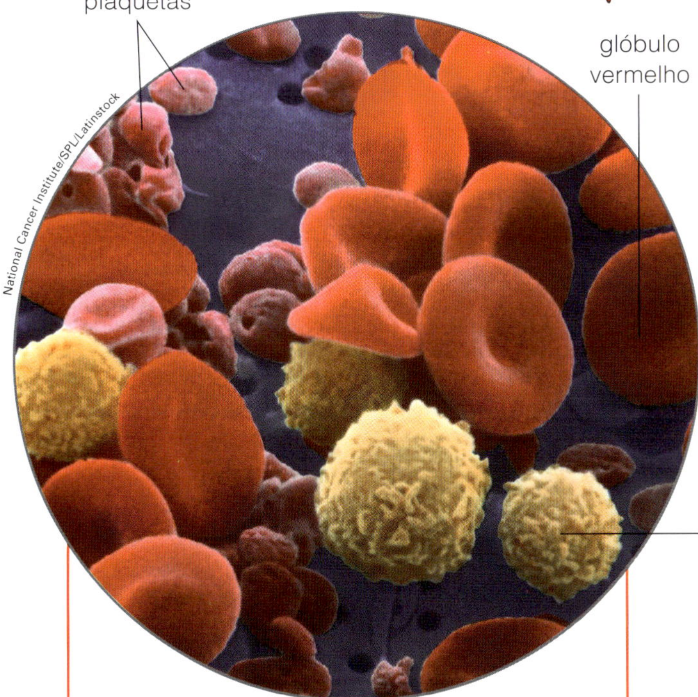

National Cancer Institute/SPL/Latinstock

## O SANGUE E SEUS COMPONENTES

O plasma é um líquido amarelado, formado de água, proteínas e nutrientes. Cerca de metade do volume de sangue do nosso corpo é composta de plasma. A parte restante é formada por três tipos de células: glóbulos brancos, glóbulos vermelhos e plaquetas.

Os vasos sanguíneos se ramificam, vão ficando cada vez mais finos e formam os **capilares sanguíneos**, que chegam a todas as partes do corpo.

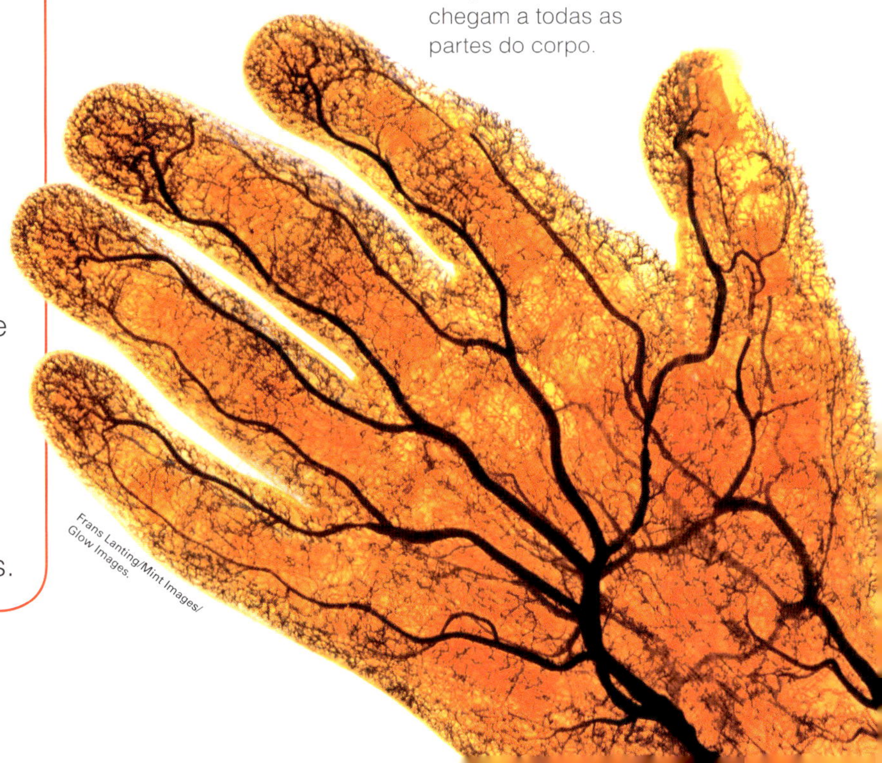
Frans Lanting/Mint Images/Glow Images.

# SISTEMA LINFÁTICO

O **sistema linfático** é parte importante do sistema imunitário.

É formado por uma série de vasos linfáticos que vão se ramificando cada vez mais até chegarem aos espaços entre as células, onde é recolhido um líquido chamado linfa. Os nódulos de linfa, ou linfonodos, também fazem parte do nosso **sistema imune** e atuam como filtros da linfa.

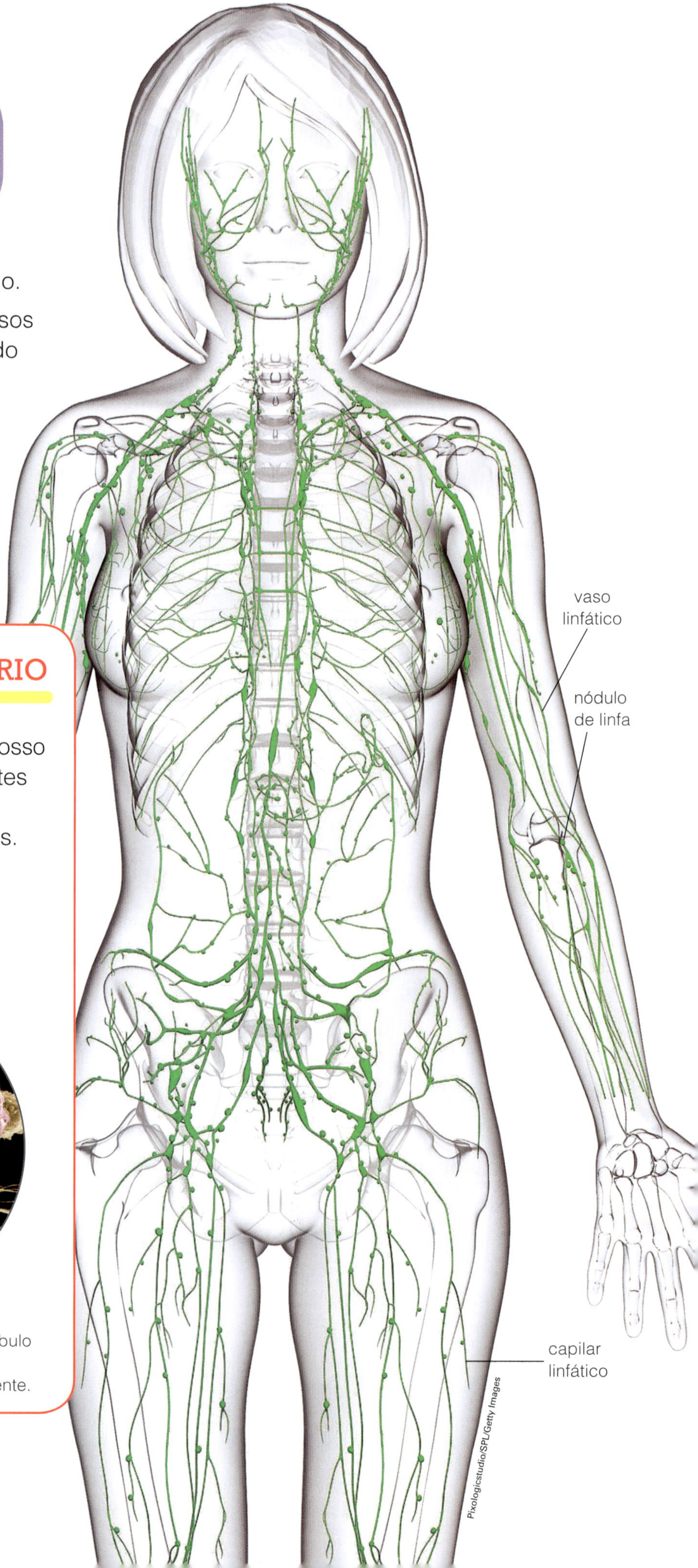


## SISTEMA IMUNITÁRIO

É o sistema que protege nosso organismo contra os agentes causadores de doenças infecciosas e certas toxinas. Os glóbulos brancos são células sanguíneas especializadas na defesa do organismo.

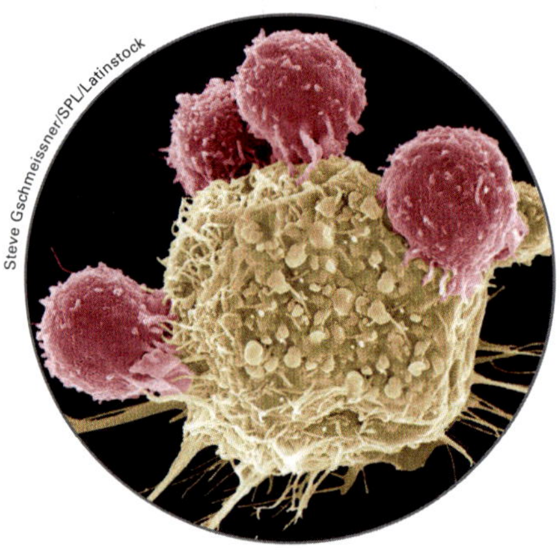


Célula cancerosa sendo atacada por quatro linfócitos (um dos tipos de glóbulo branco). Para melhor visualização, as células foram coloridas artificialmente.

# SISTEMA TEGUMENTAR

Esse sistema é formado pela pele e seus anexos (pelo, unha e glândulas). Suas principais funções são: proteção contra ações do meio ambiente, regulação da temperatura do corpo e sensibilidade ao toque através dos nervos da pele.

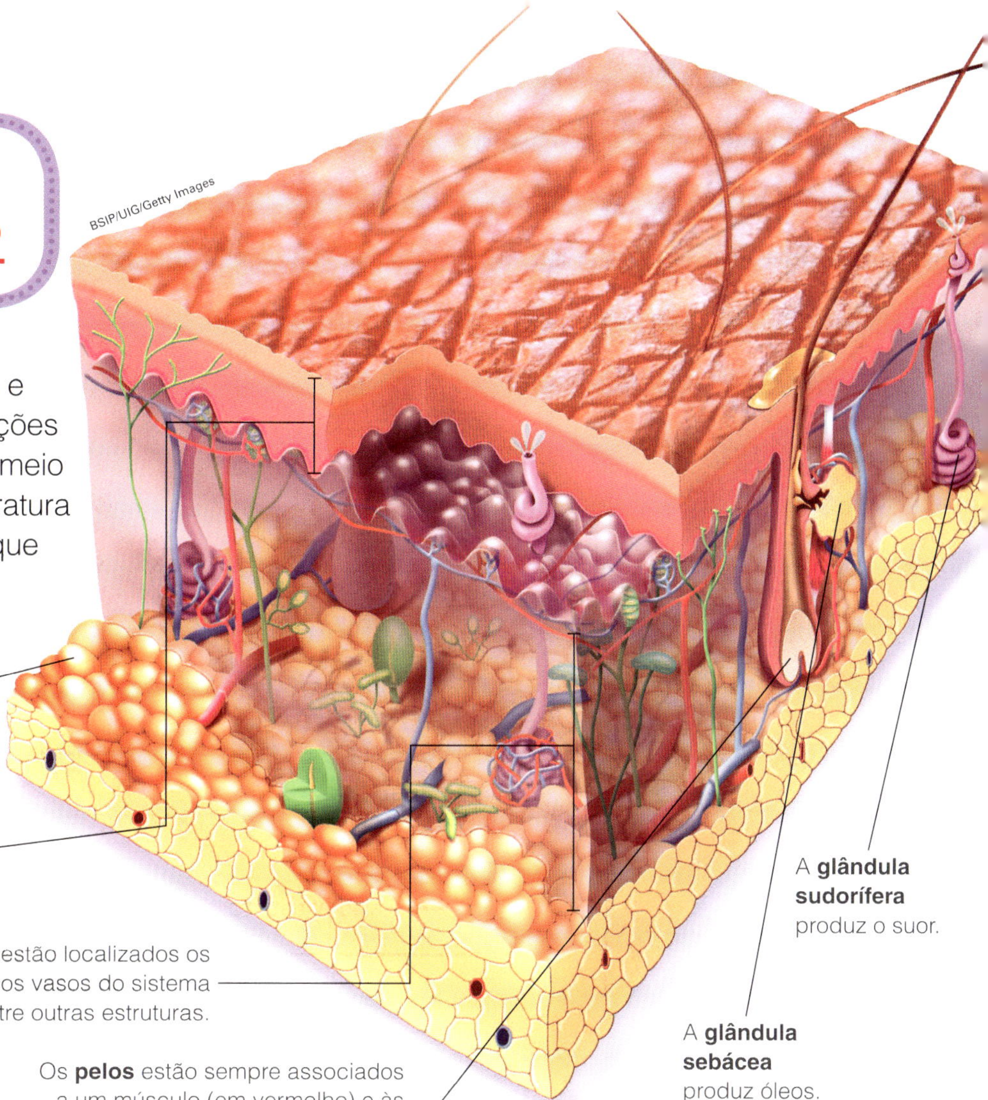

BSIP/UIG/Getty Images

A **gordura subcutânea**, além de ser uma reserva de energia, amortece impactos e isola o corpo do frio do ambiente.

A **epiderme** é formada por células achatadas, que são constantemente renovadas.

Na **derme** estão localizados os nervos, minúsculos vasos do sistema circulatório, entre outras estruturas.

Os **pelos** estão sempre associados a um músculo (em vermelho) e às glândulas sebáceas (em amarelo).

A **glândula sudorífera** produz o suor.

A **glândula sebácea** produz óleos.

## ACNE

Uma das causas da acne é o acúmulo de sebo produzido pelas glândulas sebáceas. Bactérias se proliferam no sebo, causando inflamação.

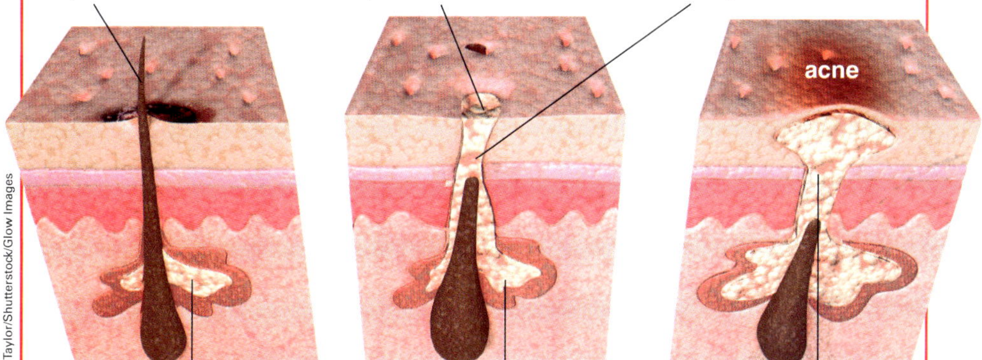


DJTaylor/Shutterstock/Glow Images

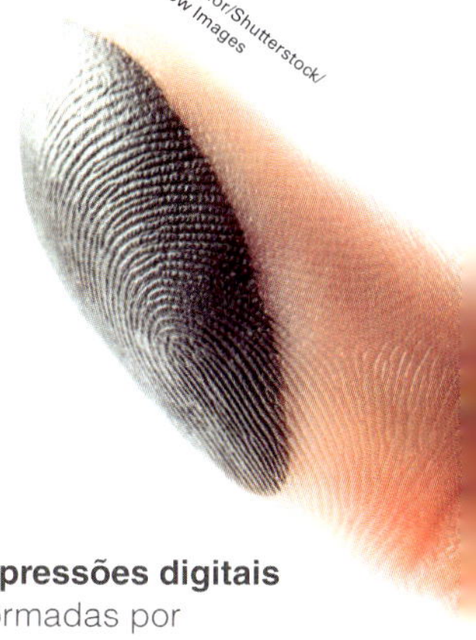

DJTaylor/Shutterstock/Glow Images

As **impressões digitais** são formadas por minúsculas ondulações na pele. O desenho formado é sempre diferente de uma pessoa para outra. Por isso, são usadas para identificar pessoas em documentos.

MedicalRF/Jupiter Images/Getty Images

# SISTEMA DIGESTÓRIO

O sistema digestório é um longo tubo musculoso percorrido pelo alimento durante a digestão. Também fazem parte desse sistema um conjunto de órgãos e glândulas que transformam os alimentos por meio de processos físicos e químicos.

## ALGUNS ANEXOS DO SISTEMA DIGESTÓRIO

Os **dentes** cortam e trituram os alimentos.

As **glândulas salivares** liberam saliva, que inicia a digestão química.

O **fígado** é um órgão com diversas funções, como armazenamento e liberação de glicose, emulsificação da gordura pela da secreção da bile.

O **pâncreas** (localizado atrás do estômago) produz suco digestivo que digere carboidratos, proteínas e gorduras.

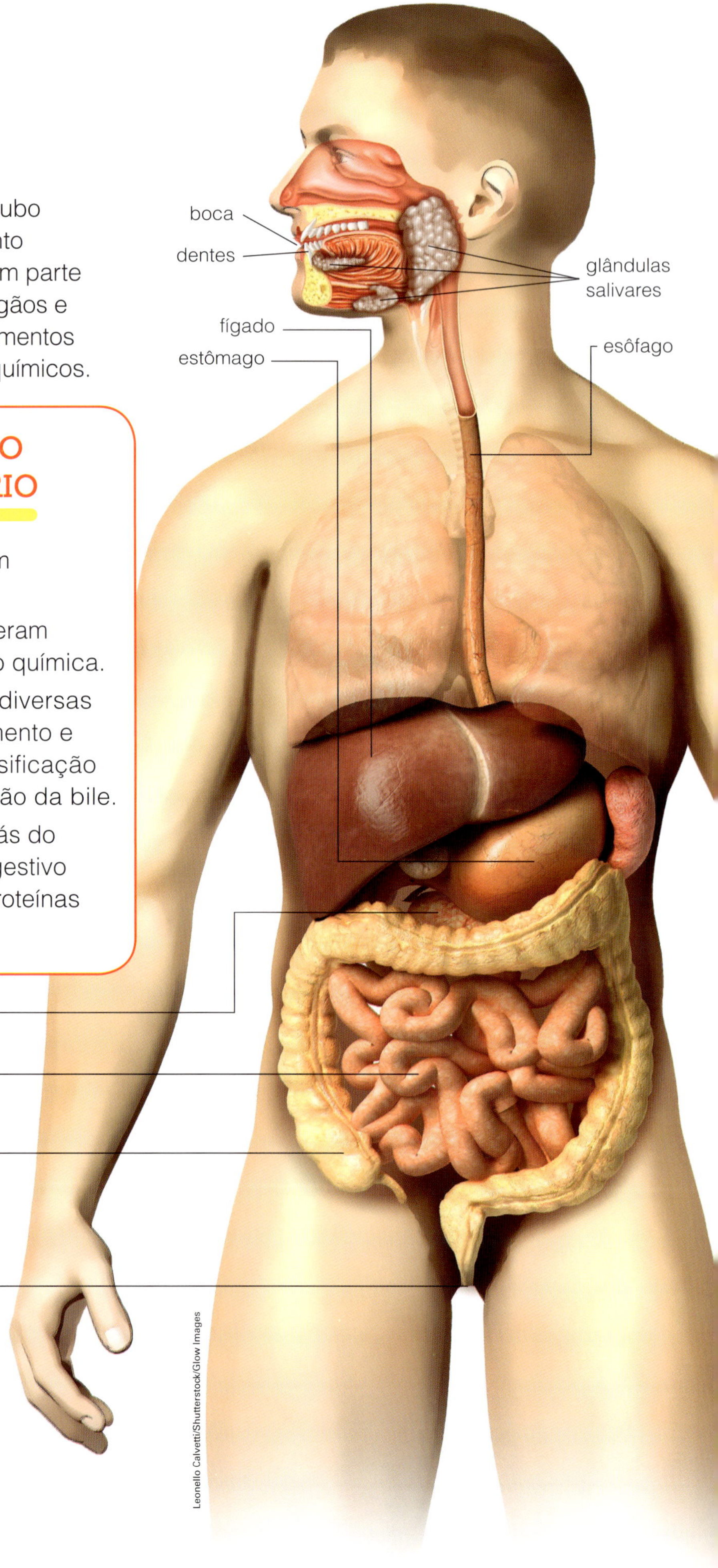


Leonello Calvetti/Shutterstock/Glow Images

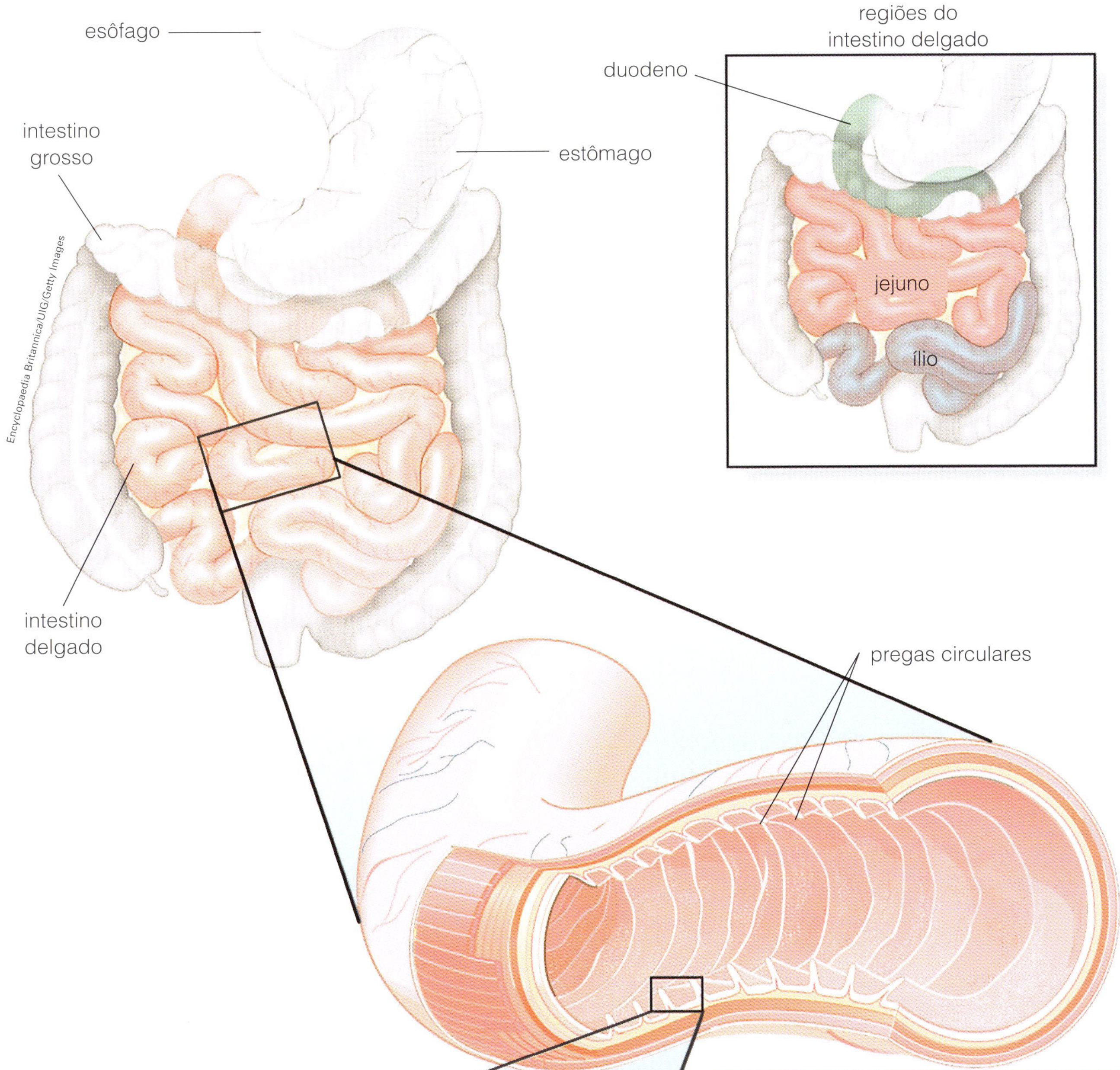


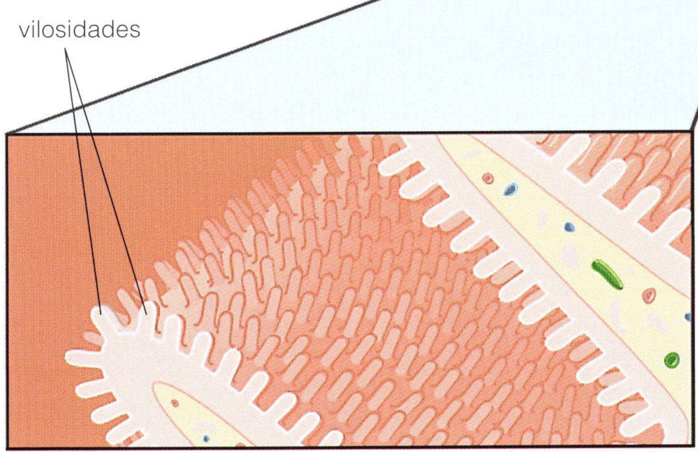


## INTESTINO DELGADO

É a parte do sistema digestório em que a maior parte dos nutrientes é absorvida. Isso ocorre mais facilmente porque o tecido que reveste o interior desse tubo é repleto de vilosidades, pequenas dobras que aumentam a superfície de contato do intestino com o alimento em 500 vezes, facilitando a absorção de nutrientes.

# SISTEMA RESPIRATÓRIO

O sistema respiratório, com a ajuda dos músculos respiratórios, transporta o ar para dentro e para fora dos pulmões. Graças a isso, nosso organismo pode receber o gás oxigênio e eliminar o gás carbônico. Esse sistema também contribui para a emissão de sons, que permitem a fala e o canto.

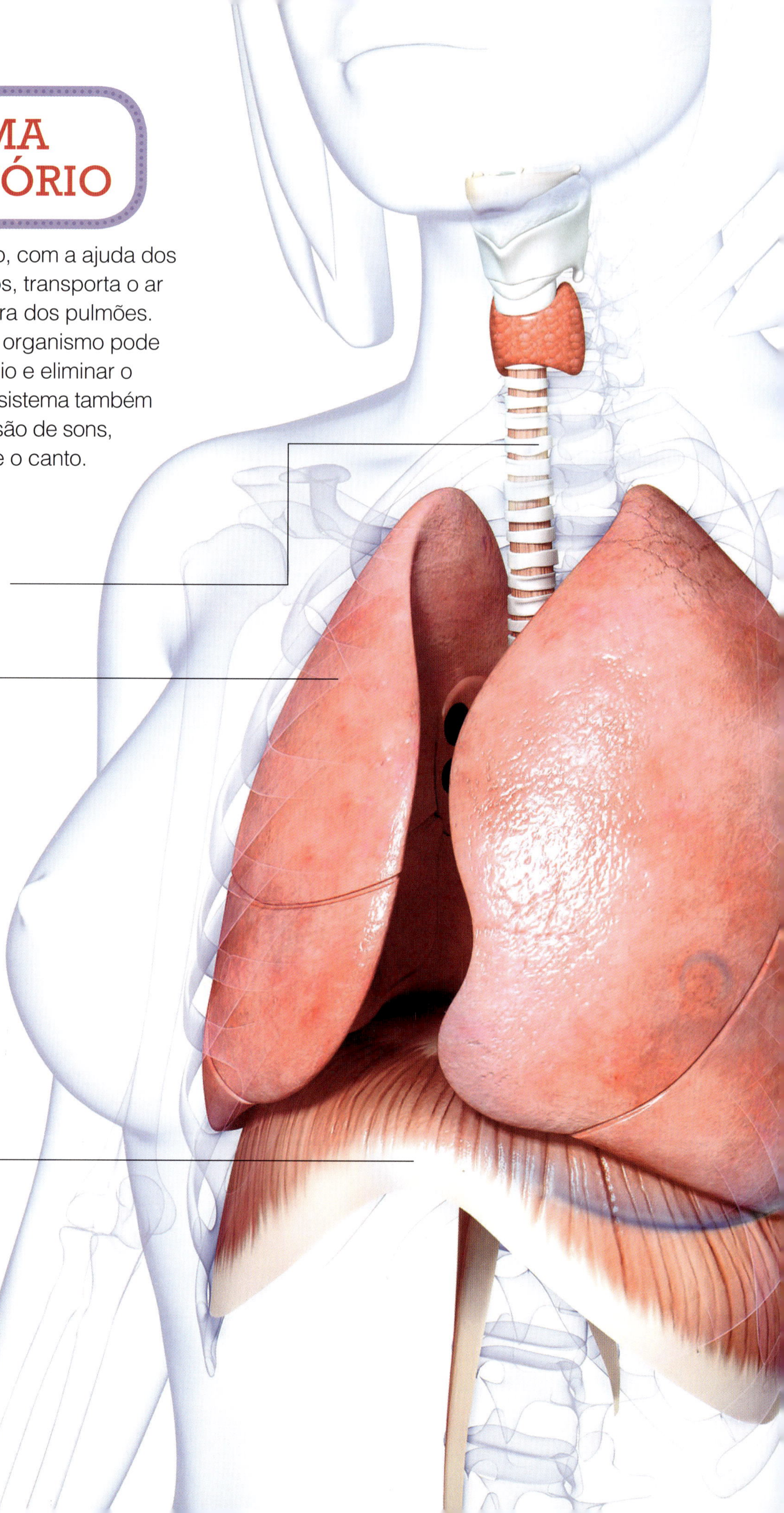


Pixologicstudio/SPL/Getty Images

Os dois pulmões que temos são repletos de alvéolos, que são pequenos sacos irrigados por vasos sanguíneos. É nos alvéolos que ocorrem as trocas gasosas entre o ar e o sangue.

O diafragma é um músculo que separa o tórax do abdome. Junto com os músculos ao redor da caixa torácica, ele ajuda a inflar os pulmões.

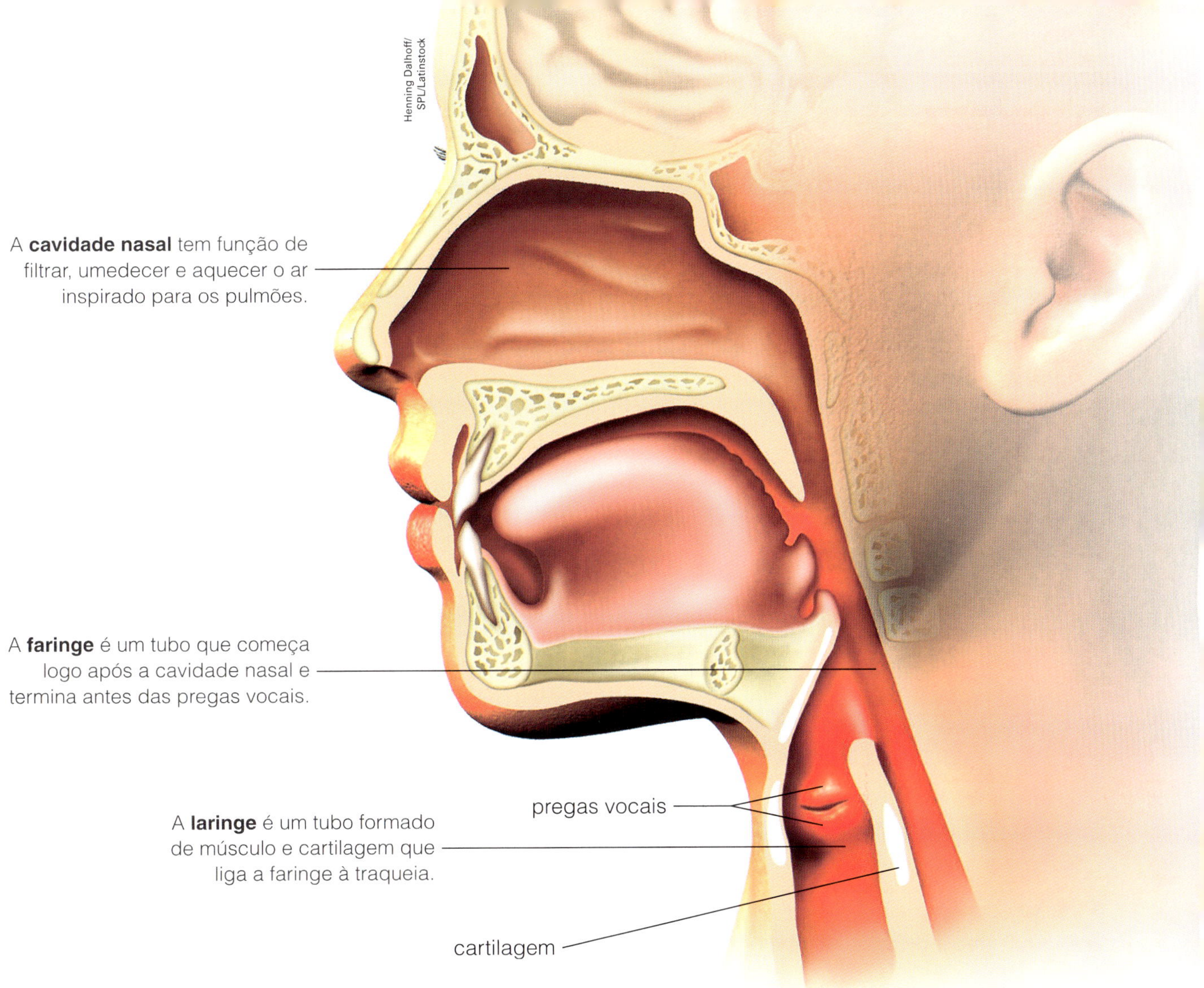


Henning Dalhoff/SPL/Latinstock

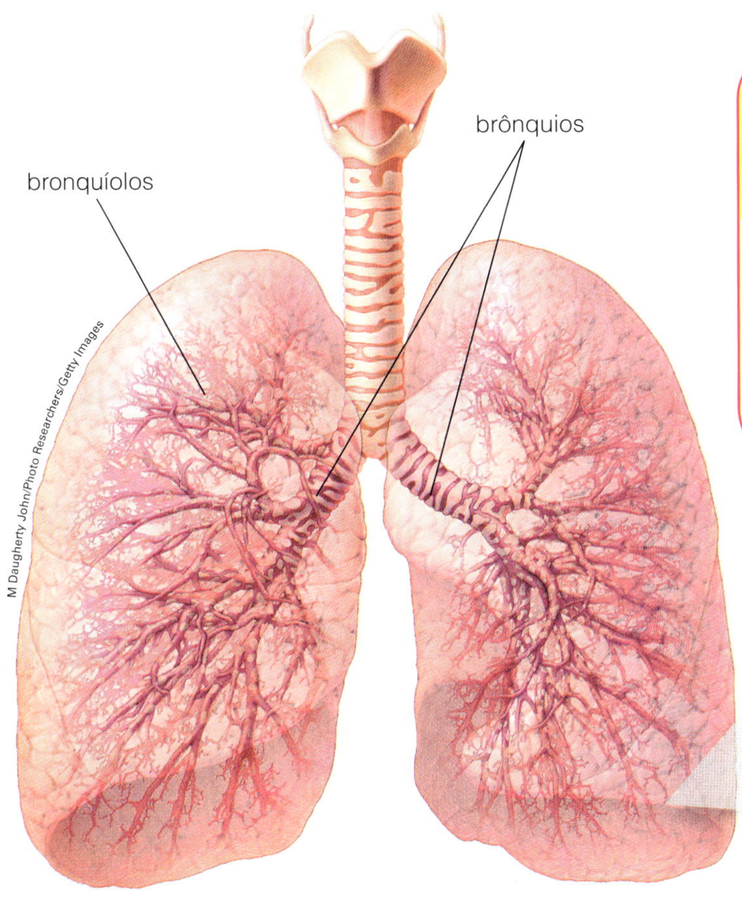


M Daugherty John/Photo Researchers/Getty Images

## BRÔNQUIOS E BRONQUÍOLOS

Brônquios são canais que se ramificam, ficando cada vez menores, formando os bronquíolos. Eles transportam o ar até os alvéolos.

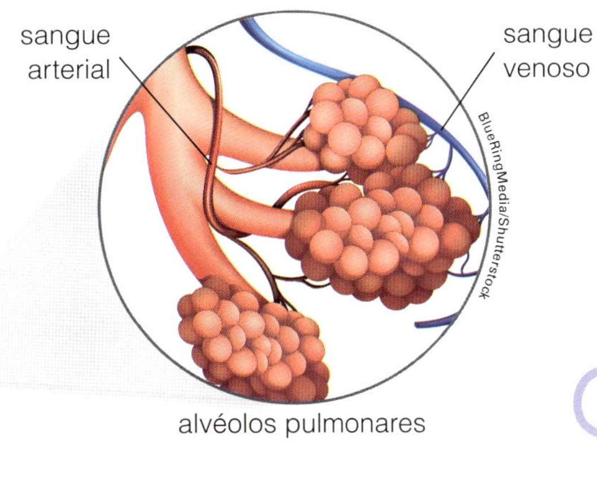


BlueRingMedia/Shutterstock

# SISTEMA URINÁRIO

O sistema urinário é o conjunto de órgãos que trabalham na eliminação de resíduos do corpo e do excesso de água e de sais minerais. Essa eliminação, feita pela urina, é necessária para manter o equilíbrio do organismo.

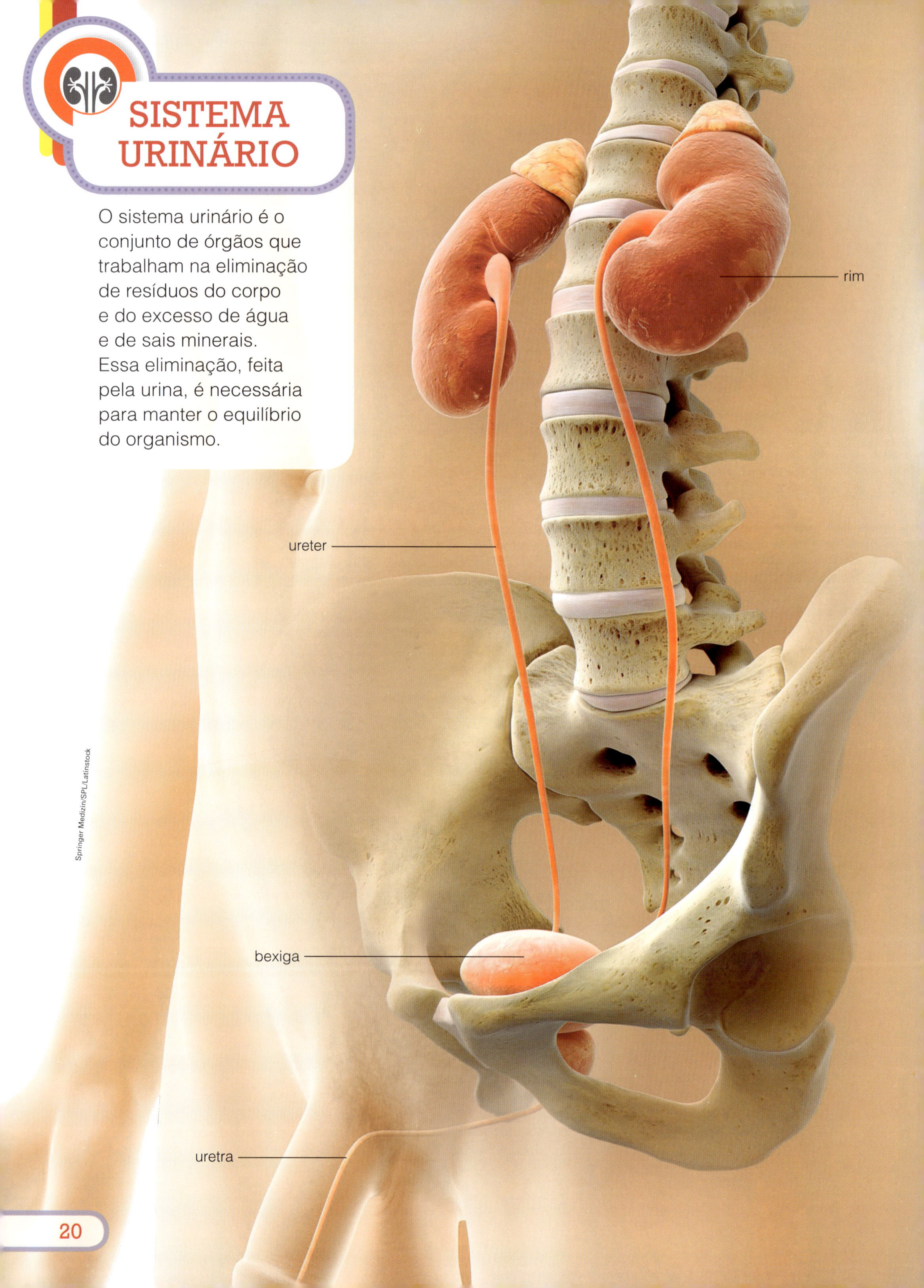


Springer Medizin/SPL/Latinstock

Alila Medical Images/Shutterstock

Pedras no rim são formadas por sais minerais presentes na urina. A obstrução do ureter pela pedra causa espasmos e muita dor. A saída dessas pedras geralmente ocorre pela uretra, mas pode ser preciso fazer cirurgia para retirá-las.

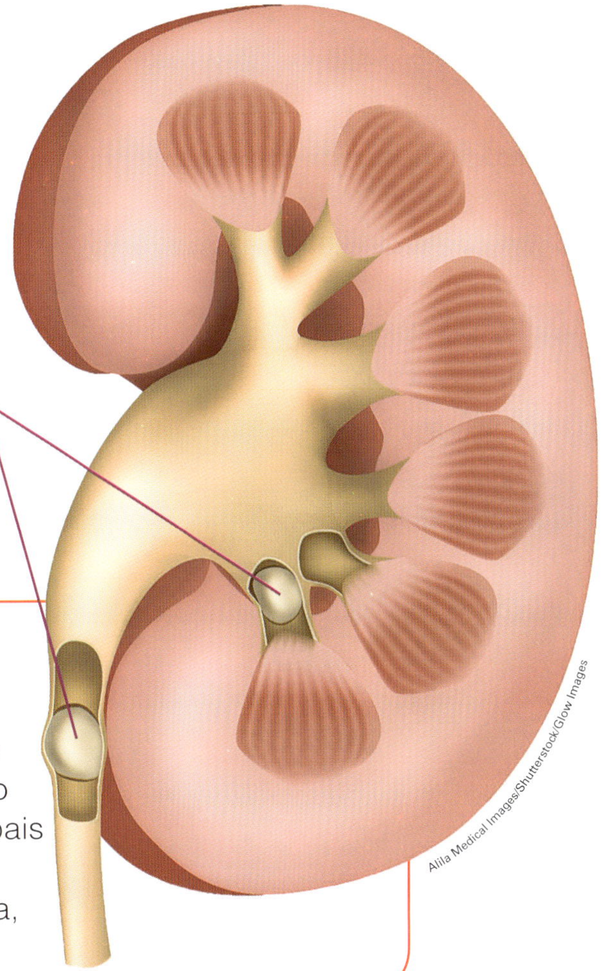

Alila Medical Images/Shutterstock/Glow Images

## RIM

Os rins são dois órgãos que se localizam na cavidade abdominal, um de cada lado da coluna vertebral. Uma de suas principais funções é filtrar os resíduos e as toxinas do sangue, que são eliminados pela urina, juntamente com o excesso de água.

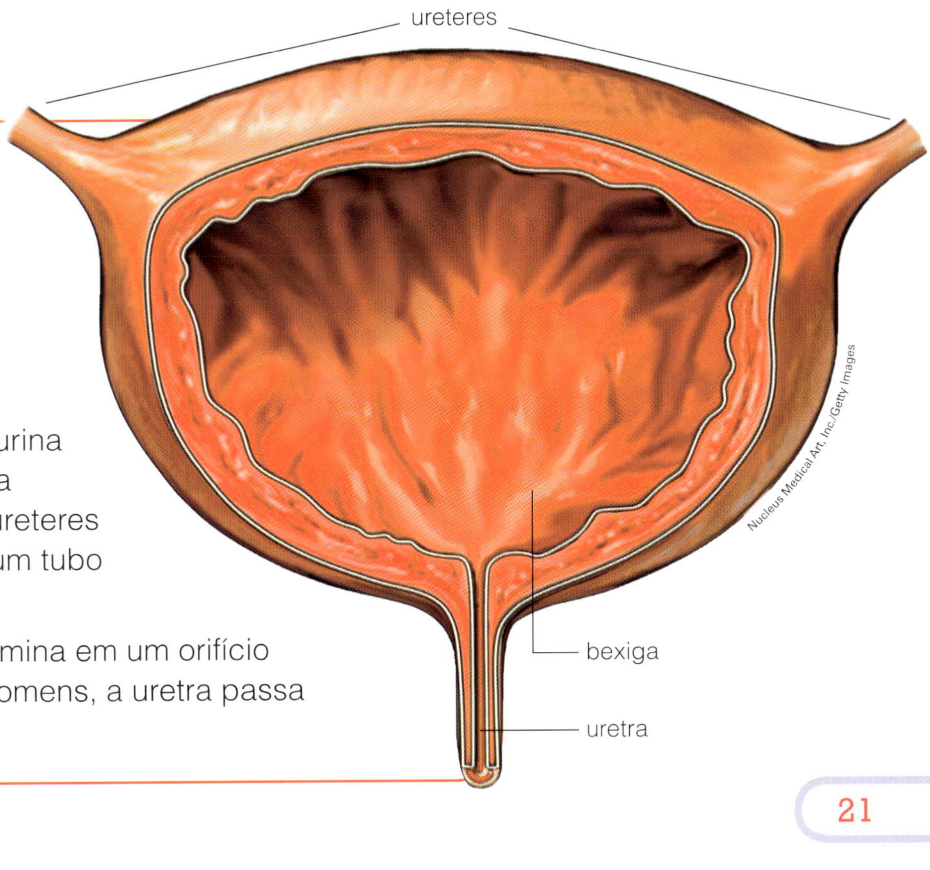


Nucleus Medical Art, Inc./Getty Images

## BEXIGA

A bexiga é um órgão oco de musculatura elástica. Ela fica na parte inferior do abdome.

Sua função é acumular a urina produzida nos rins. A urina chega à bexiga por dois ureteres e é eliminada através de um tubo chamado de uretra.

Nas mulheres, a uretra termina em um orifício próximo da vagina. Nos homens, a uretra passa por dentro do pênis.

# SISTEMA GENITAL

O sistema genital é formado por órgãos que constituem o aparelho genital masculino e o feminino. É por meio dele que os seres humanos produzem os hormônios sexuais e se reproduzem, gerando os bebês.

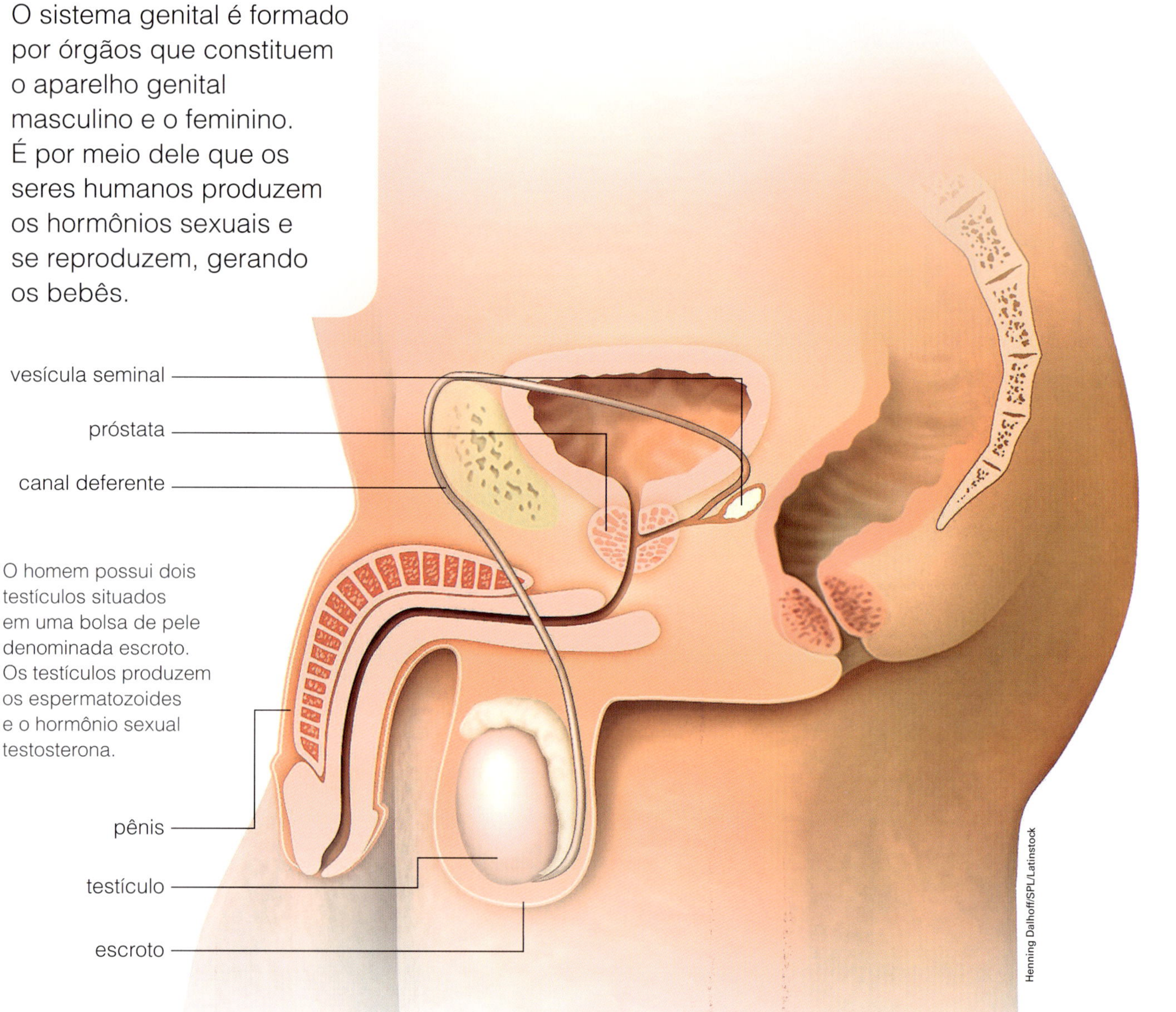


O homem possui dois testículos situados em uma bolsa de pele denominada escroto. Os testículos produzem os espermatozoides e o hormônio sexual testosterona.

## CONCEPÇÃO E EMBRIÃO

O encontro do espermatozoide com o ovócito chama-se **fecundação** e resulta na formação da célula-ovo ou zigoto. A fecundação ocorre na tuba uterina.

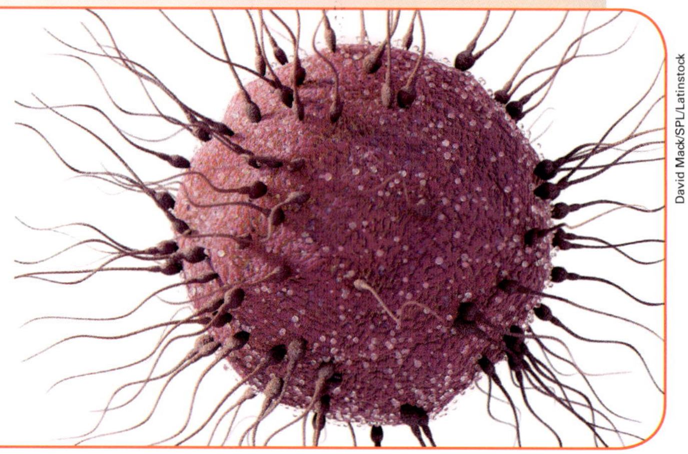

Os ovários liberam as células reprodutoras femininas, os ovócitos.

As tubas uterinas conduzem o ovócito maduro do ovário para o útero.

O ovócito, quando fecundado, fixa-se na parede do útero. Por isso, durante a gravidez, as paredes do útero se tornam espessas para o desenvolvimento do embrião.

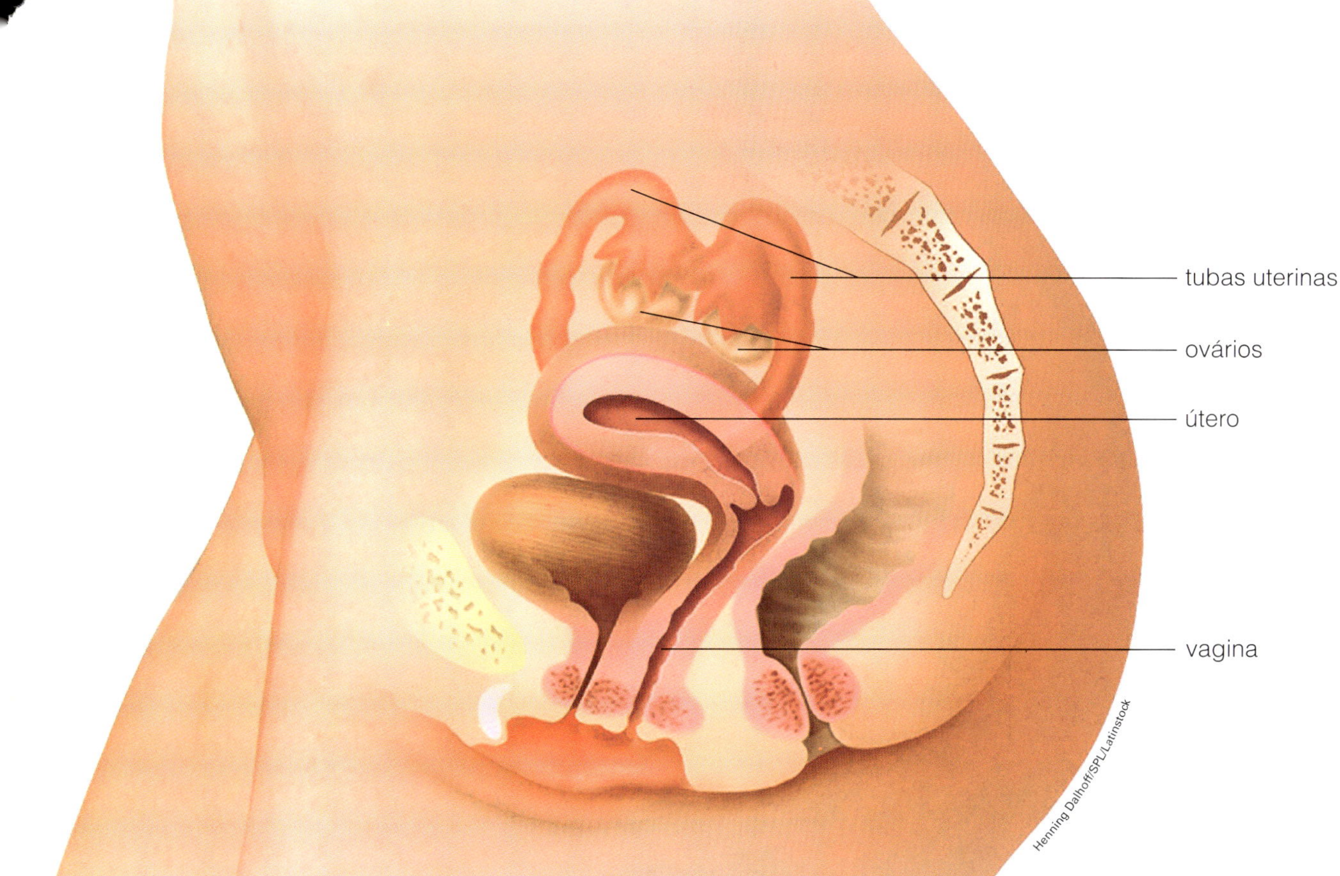


Henning Dalhoff/SPL/Latinstock

## DESENVOLVIMENTO EMBRIONÁRIO

Ao chegar ao útero, a célula-ovo sofre algumas divisões e possui em torno de 32 a 64 células: é o chamado **embrião**. No fim da oitava semana, após a fecundação, os principais órgãos já estão formados e o embrião passa a ser chamado de **feto**.

O feto continua a se desenvolver e a crescer durante 38 semanas após a fecundação, período que a gestação dura em média.

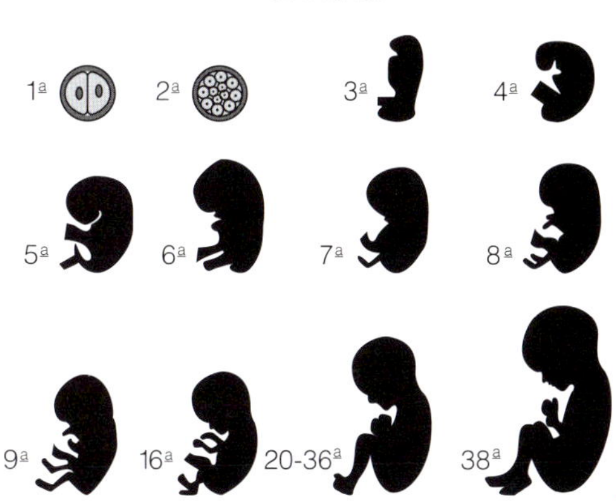


Banco de imagens/Arquivo da editora

Você viu como o corpo humano funciona? Impressionante, não é?

Nesta página, você pode personalizar o seu **Miniatlas – Corpo humano**. Procure em revistas ou na internet imagens do sistema que mais lhe chamou a atenção e cole-as aqui, ou faça um desenho dele.

Não se esqueça de indicar o nome do sistema, apontar os principais órgãos e colocar alguma curiosidade sobre ele.

Depois, compartilhe com os colegas!

Shutterstock/Glow Images

**LEVANTANDO HIPÓTESES**

- O que você acha que vai acontecer?

2. O que você observa depois desse tempo? Converse com os colegas para entender o que ocorreu.

3. Pegue, agora, outra garrafa e peça ao professor que a corte conforme a figura abaixo. A parte de cima da garrafa será virada, como se fosse um funil. Coloque no "funil" um pouco de algodão, areia e cascalho grosso por cima. Jogue nesse conjunto um pouco da água misturada com terra (item 1).

## OBSERVAÇÃO

- Observe o resultado e tente explicar o que aconteceu nas duas partes do experimento.

## CONCLUSÃO

- Faça uma comparação entre o experimento realizado e as fases de tratamento de água **decantação** e **filtração**.

# LER E ENTENDER

Talvez você já tenha lido poemas com formas bem diferentes; poemas que não têm versos escritos em linhas, uma embaixo da outra, como as quadrinhas.

E talvez se pergunte o que poemas têm a ver com Ciências.

Vamos investigar?

Poema do livro **Tudos**, de Arnaldo Antunes. São Paulo: Iluminuras, 2001.

## ANALISE

**1.** Observe que quase todos os versos do poema terminam com a palavra **porque**. É possível dizer que no poema há muitas explicações?

______________________________

______________________________

______________________________

**2.** Que formato tem o poema?

______________________________

______________________________

Leia, agora, este fragmento de um texto escrito para uma revista:

## Como o cabelo cresce?

Ele cresce por causa da divisão e multiplicação de um tipo de célula, os queratinócitos. [...] "À medida que os queratinócitos se dividem, eles são empurrados para cima, fazendo o fio crescer", diz o dermatologista Valcinir Bedin, presidente da Sociedade Brasileira para Estudos do Cabelo. O ciclo de vida dos fios da nossa juba tem três fases: nascimento, crescimento/repouso e queda. [...] nesse exato momento, você tem fios que estão nascendo, outros crescendo e por aí vai. [...]

Como o cabelo cresce?, de Julia Moióli. Revista *Mundo estranho*. Disponível em: <http://mundoestranho.abril.com.br/materia/como-o-cabelo-cresce>. Acesso em: 8 maio 2013.

**3.** O texto "Como o cabelo cresce?" dá ao leitor uma explicação para o crescimento do cabelo. Que palavras das Ciências ele usa na explicação?

_______________________________________________

**4.** Releia a seguinte frase retirada do texto:

"O ciclo de vida dos fios da nossa juba tem três fases: [...]"

Que palavra dessa frase um cientista certamente não usaria numa explicação científica?

_______________________________________________

_______________________________________________

**5.** Podemos concluir que o texto "Como o cabelo cresce?":

☐ é um texto científico. ☐ é um texto de divulgação científica.

## RELACIONE

**6.** Lembre-se do que você estudou sobre mudanças no corpo. Em grupo, pesquisem sobre mudanças que ocorrem em relação ao crescimento de pelos e cabelos no corpo humano. Escrevam um pequeno texto que será lido pelas crianças do terceiro ano. A linguagem deve ser adequada de modo que elas entendam. O texto mais informativo pode ser publicado no *blog* da escola.

# O QUE APRENDI?

**1.** A primeira foto abaixo mostra um feto de 12 semanas. Nessa etapa do desenvolvimento, o feto tem cerca de 5 cm. Como você aprendeu, os fetos ficam no útero da mãe, dentro de uma bolsa cheia de líquido. A segunda foto mostra um menino de 10 anos. Responda às questões.

Edelmann/SPL/Latinstock

Monkey Business Images/Shutterstock/Glowimages

- Quais as principais diferenças entre o feto que aparece na primeira foto e o menino que aparece na segunda foto?

_______________

_______________

_______________

- Na primeira foto, o bebê está imerso em um líquido formado por uma grande quantidade de água. A água continua sendo importante depois que o bebê nasce? Por que devemos economizar água?

_______________

_______________

2. Organize as palavras do banco nas colunas do quadro abaixo, de acordo com o título de cada coluna. Veja a primeira coluna como exemplo. Algumas palavras podem se repetir.

| Sistema nervoso | Menstruação | Ejaculação | Saneamento básico | Vacinas |
|---|---|---|---|---|
| encéfalo<br>cérebro<br>medula espinal<br>atos voluntários<br>atos involuntários<br>sentidos | | | | |

puberdade
hepatite
~~medula espinal~~
ovário
ovulação
prevenção
vagina

testículo
~~sentidos~~
vírus
uretra
~~cérebro~~
água
útero

esgoto
~~atos voluntários~~
poço
ovócito
lençol freático
~~atos involuntários~~
doenças

bactérias
espermatozoides
represa
febre amarela
~~encéfalo~~

3. Este é o momento de pensar no que você aprendeu nesta Unidade. Indique com um **X** na tabela.

| Conteúdos estudados | Compreendi este conteúdo | Fiquei com algumas dúvidas e preciso retomar | Não compreendi e preciso retomar |
|---|---|---|---|
| Capítulo 1<br>Funcionamento integrado do corpo controlado pelo sistema nervoso | | | |
| Capítulo 2<br>Desenvolvimento do corpo humano e reprodução | | | |
| Capítulo 3<br>A importância da água para a saúde e para o ambiente | | | |

Converse com os colegas e o professor para entender melhor o seu aproveitamento e, assim, iniciar o estudo da próxima Unidade.

UNIDADE

# 2 BIOMAS

Orly Wardres/Arquivo da editora

Os elementos da imagem não estão representados em proporção entre si.

- A imagem é uma representação do bioma do Pantanal mato-grossense. Você sabe o que é um bioma?
- E um parque nacional, você sabe o que é?
- Qual é a importância dos parques nacionais para a natureza?

CAPÍTULO

# 4 BIOMAS BRASILEIROS I

Em cada região do Brasil, vemos paisagens diferentes: algumas mais secas, outras mais chuvosas; algumas mais quentes, outras mais frias; o solo pode ser mais arenoso, barrento ou pedregoso, etc. Os animais, as plantas e os demais seres vivos de uma região também podem ser bem diferentes dos de outro lugar.

## AMAZÔNIA

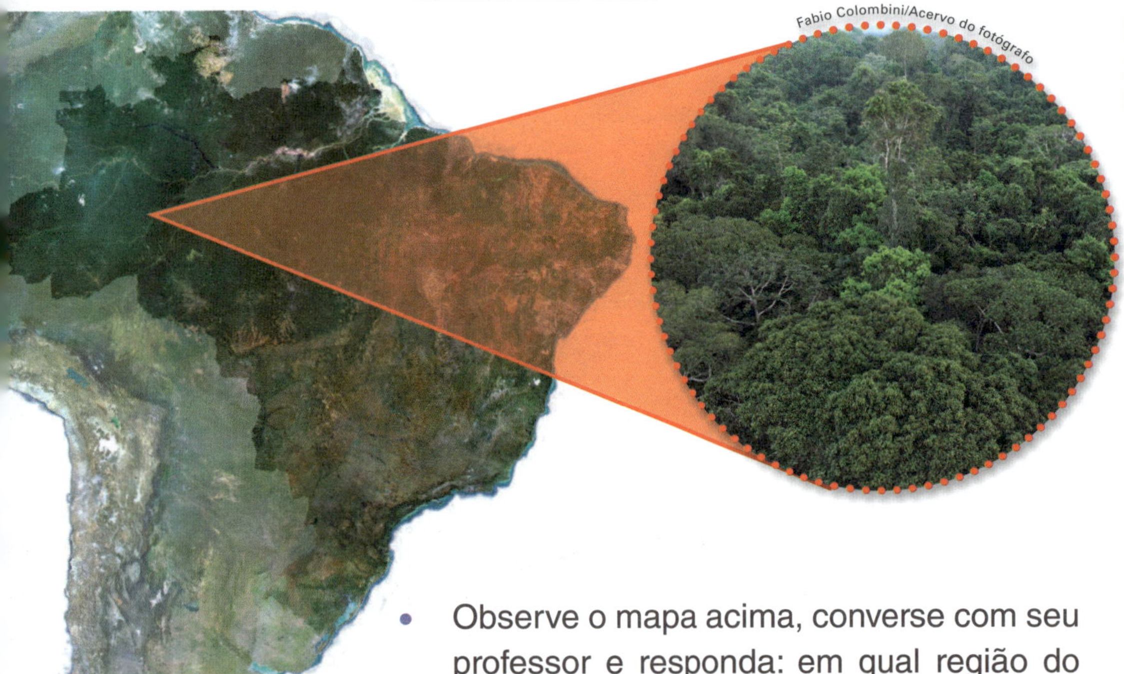

Fabio Colombini/Acervo do fotógrafo

Planet Observer/SPL/Latinstock

**Amazônia**

Banco de imagens/Arquivo da editora

Adaptado de: <www.ibama.gov.br>. Acesso em: 20 jan. 2016.

- Observe o mapa acima, converse com seu professor e responda: em qual região do Brasil está localizada a Amazônia?
- Descreva o que você vê na paisagem da foto acima. As árvores são todas iguais?
- É possível ver as plantas que estão abaixo dessas árvores, mais perto do solo? Por quê?

Na Amazônia há muitos rios, e algumas partes da floresta estão quase sempre inundadas, como mostrado na foto ao lado. Isso acontece porque a região é bastante plana e as águas dos rios sobem na época das chuvas.

Fabio Colombini/Acervo do fotógrafo

Floresta Amazônica inundada.

Você deve conhecer muitas plantas que vivem na terra e podem ser cultivadas em vasos. E plantas que vivem na água, você já viu alguma?

Nas regiões alagadas da Amazônia, podemos encontrar a vitória-régia, uma planta que é uma das espécies-símbolo da região.

No solo não alagado crescem muitas árvores e arbustos de diversas alturas.

São muito comuns aquelas plantas que se apoiam sobre outras árvores: samambaias, orquídeas e trepadeiras, por exemplo. Algumas dessas plantas têm raízes que chegam até o solo, e são chamadas popularmente de cipós.

Fabio Colombini/Acervo do fotógrafo

Vitórias-régias.

A castanheira-do-brasil é uma árvore típica da Amazônia. Ela é muito alta e é dela que extraímos a castanha-do-brasil, um alimento muito nutritivo e rico em gordura.

Fabio Colombini/Acervo do fotógrafo

Castanheira-do-brasil.

Fabio Colombini/Acervo do fotógrafo

Fruto da castanheira.

Os elementos das imagens não estão representados em proporção entre si.

Fabio Colombini/Acervo do fotógrafo

Sementes de castanha-do-brasil.

Por causa da grande quantidade de plantas, animais, fungos e microrganismos, o solo da Amazônia se tornou muito fértil. Tanto as fezes dos animais quanto os seres vivos em decomposição fornecem a matéria orgânica que enriquece o solo.

## ANIMAIS DA AMAZÔNIA

Na Amazônia há muitos animais, desde sapos muito pequenos, como o sapo-garimpeiro, até grandes mamíferos, como a onça-pintada e a anta. Existe também uma imensa variedade de aves, como o uirapuru e a arara.

Fabio Colombini/Acervo do fotógrafo

Sapo-garimpeiro.

Ammit Jack/Shutterstock/Glow Images

Anta.

Os elementos das imagens não estão representados em proporção entre si.

Araras-canindé.

Kamonrat/Shutterstock/Glow Images

Várias espécies de macacos vivem sobre os galhos das árvores; serpentes muito diferentes podem se esconder entre as folhas no chão; e os rios são habitados por peixes, botos e outros animais.

A maior ameaça às plantas e aos animais da Amazônia é o desmatamento. Grandes áreas são desmatadas para a retirada ilegal de madeira, criação de gado e agricultura.

Além disso, muitos animais são vítimas de tráfico, por terem peles ou penas muito bonitas. Eles são retirados de seu ambiente e então são vendidos. Mas a maioria sofre maus-tratos e não consegue sobreviver.

Fabio Colombini/Acervo do fotógrafo

Serpente surucucu.

Guentemanaus/Shutterstock/Glow Images

Boto-cor-de-rosa.

Os elementos das imagens não estão representados em proporção entre si.

Macaco-uacari-vermelho.

Fabio Colombini/Acervo do fotógrafo

- Converse com os colegas sobre o grande desafio que o Brasil enfrenta: diminuir o desmatamento e usar as riquezas da Amazônia sem destruí-la. Faça uma pesquisa sobre o tema para aprofundar seu conhecimento.

## CERRADO

- O que mais chama a sua atenção nesta paisagem?
- Há plantas rasteiras?
- A vegetação é fechada como na Amazônia?
- Em quais regiões do Brasil ocorre o Cerrado?

Fabio Colombini/Acervo do fotógrafo

Planet Observer/SPL/Latinstock

O Cerrado é o segundo maior bioma da América do Sul. Ele ocupa cerca de 20% do território nacional. Nesse espaço encontram-se as nascentes de grandes bacias hidrográficas, o que favorece a diversidade vegetal e animal. Observe no mapa ao lado a localização do Cerrado brasileiro.

**Cerrado**

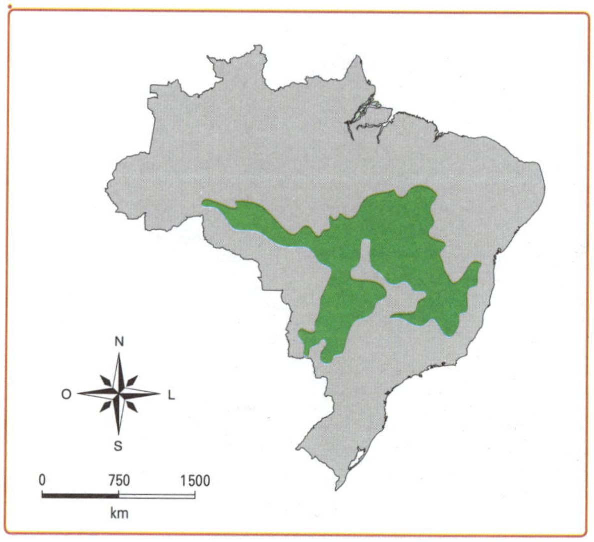


Banco de imagens/Arquivo da editora

Adaptado de: <www.ibama.gov.br>. Acesso em: 20 jan. 2016.

O Cerrado é caracterizado por árvores baixas, arbustos espaçados e gramíneas.

- O que você observa em relação ao tronco das árvores nesta foto?

G. Evangelista / Opção Brasil Imagens

Os elementos das imagens não estão representados em proporção entre si.

Árvores típicas do Cerrado.

Troncos retorcidos, raízes profundas e cascas grossas são características importantes das árvores desse bioma. Essas estruturas ajudam as plantas a sobreviver às queimadas, que são frequentes no Cerrado.

Há queimadas naturais que ocorrem predominantemente na estação das chuvas, quando há ocorrência de raios. Mas está aumentando as queimadas provocadas pelo ser humano. Essas são mais intensas e sem controle, ameaçando a vida dos animais e plantas desse bioma.

Existem mais de 200 espécies de plantas de uso medicinal e muitos frutos comestíveis que são consumidos pela população local e também vendidos nos centros urbanos, como os frutos do pequi e bacupari.

Fabio Colombini/Acervo do fotógrafo

Bacupari.

Mario Friedlander/Pulsar Imagens

Pequi.

## ANIMAIS DO CERRADO

O lobo-guará tem hábitos preferencialmente noturnos, caçando pequenos mamíferos e aves. Ele também se alimenta de caules, mel e frutas. Animais que se alimentam tanto de outros animais como de vegetais são chamados **onívoros**.

Esse animal é uma espécie ameaçada de extinção em razão do desmatamento, que destrói seu *habitat* e suas presas. Outros fatores que ameaçam os lobos-guarás são a caça e os atropelamentos.

Fabio Colombini/Acervo do fotógrafo

Lobo-guará.

A ema é a maior ave brasileira, podendo pesar até 35 kg. Apesar de ter grandes asas, ela não voa. Suas asas são usadas para se equilibrar, enquanto ela corre.

Essa ave se alimenta de folhas, frutas, sementes e insetos. Ao comer sementes encontradas no chão, a ema come também pequenas pedras, que auxiliam em sua digestão.

Os elementos das imagens não estão representados em proporção entre si.

Fabio Colombini/Acervo do fotógrafo

Ema.

O tamanduá-bandeira tem fortes garras nas patas da frente. Ele usa essas garras para abrir formigueiros e cupinzeiros. O focinho comprido ajuda na tarefa de capturar formigas e cupins para se alimentar. Ele é um dos grandes animais que vivem no Cerrado e estão ameaçados de extinção.

Fabio Colombini/Acervo do fotógrafo

Tamanduá-bandeira.

Fabio Colombini/Acervo do fotógrafo

Cupinzeiro.

O tucano-toco se alimenta principalmente de frutos. Mas esse animal também come insetos, lagartos, ovos e filhotes de outras aves. Muitos tucanos são capturados na natureza para serem vendidos para criadores ilegais.

O Cerrado está seriamente ameaçado, por causa do desmatamento de áreas para novas plantações, principalmente de soja, e para pastagens de gado. Com a degradação dos *habitats*, muitos animais e plantas são prejudicados.

Os elementos das imagens não estão representados em proporção entre si.

Tucano-toco.

Fabio Colombini/Acervo do fotógrafo

## CAATINGA

Observe as paisagens da Caatinga em duas estações do ano bem marcadas: a chuvosa e a seca.

Fabio Colombini/Acervo do fotógrafo

Fabio Colombini/Acervo do fotógrafo

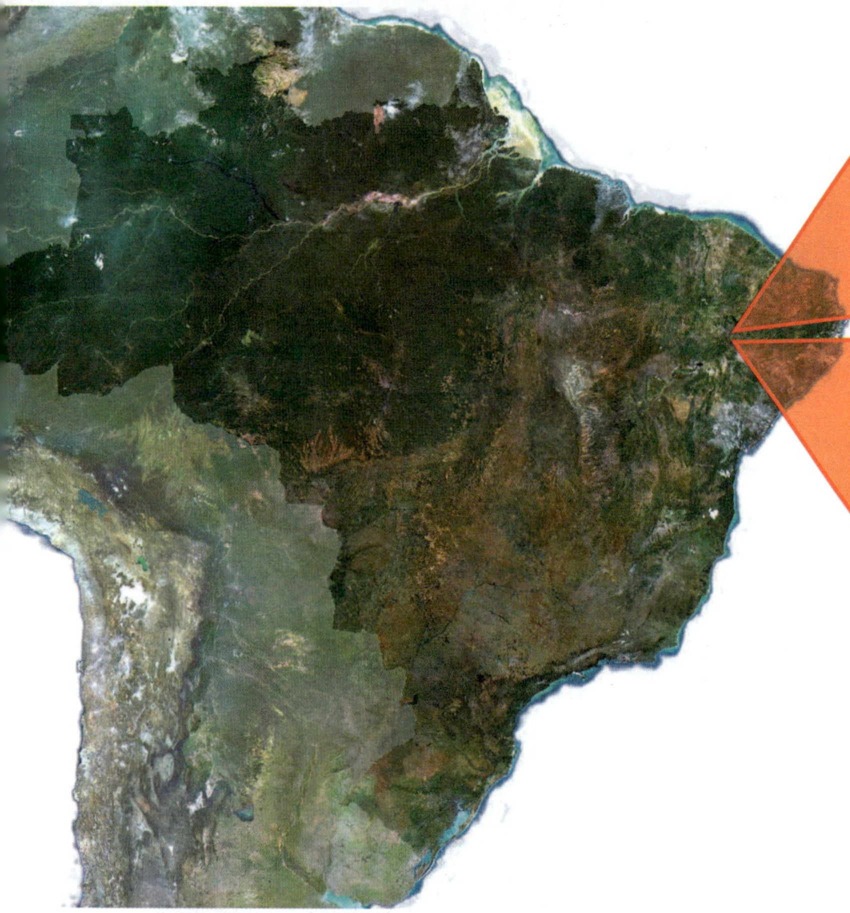

Planet Observer/SPL/Latinstock

- Como você imagina que fica o solo na época da chuva? E na época da seca?
- Como são as plantas nessas duas épocas?

Observe no mapa ao lado a localização da Caatinga brasileira.

**Caatinga**

Banco de imagens/Arquivo da editora

Adaptado de: <www.ibama.gov.br>. Acesso em: 20 jan. 2016.

O clima na região da Caatinga é seco, pois chove pouco durante o ano. As temperaturas são altas e não variam muito, ficando entre 24 e 26 graus. Há longos períodos de seca que podem durar até quatro meses.

Na época da seca, muitas árvores e arbustos perdem suas folhas e o solo fica quase sem vegetação rasteira. Mas algumas plantas continuam verdes.

Fabio Colombini/Acervo do fotógrafo

Xique-xique é um cacto típico da Caatinga.

Na Caatinga, o solo é rico em minerais, mas pobre em matéria orgânica. Isso porque há menos plantas e animais em comparação a uma floresta, por exemplo. Além disso, como chove pouco, o solo é seco.

- **Que características das plantas da Caatinga as auxiliam na sobrevivência em ambiente seco? Troque ideias sobre as características das plantas da Caatinga com seus colegas. Suas conclusões podem ser apresentadas ao professor quando ele solicitar.**

Os elementos das imagens não estão representados em proporção entre si.

Muitas plantas da Caatinga têm características que lhes permitem sobreviver à época da seca. Veja a seguir alguns exemplos:

- Há plantas que possuem folhas modificadas e essas folhas diminuem a perda de água. No caso dos cactos, as folhas são modificadas em **espinhos**. Se as folhas fossem largas, haveria maior transpiração e perda de água.
- Algumas plantas apresentam flores grandes, que são notadas por besouros, abelhas e pássaros que fazem a sua polinização. Em muitos casos, essas flores se abrem apenas à noite, quando o ar é menos seco.

Fabio Colombini/Acervo do fotógrafo

Flor do xique-xique.

## ANIMAIS DA CAATINGA

- Você conhece o tatu-bola? Sabe por que ele tem esse nome?

O tatu-bola tem uma carapaça que cobre seu corpo. Quando se sente ameaçado, ele se fecha em sua carapaça e fica com formato de bola. O tatu-bola é um exemplo de animal que vive na Caatinga.

Outros animais da Caatinga são: algumas espécies de gambás, cutias, veados, saguis e lagartos.

Muitos animais desse bioma estão ameaçados de extinção. A ararinha-azul, por exemplo, já é considerada extinta na natureza, sendo encontrada apenas em criadouros.

Fabio Colombini/Acervo do fotógrafo

Tatu-bola em duas posições. Ele se enrola para se proteger contra predadores.

Os elementos das imagens não estão representados em proporção entre si.

Ararinha-azul.

Fabio Colombini/Acervo do fotógrafo

Fabio Colombini/Acervo do fotógrafo

Cutia.

• Você conhece o animal da foto abaixo?

Pomba asa-branca.

Esse animal é conhecido como pomba asa-branca. Antes da estação seca, essa pomba migra para outras regiões em busca de água e comida.

O compositor Luís Gonzaga escreveu a música **Asa branca** comparando a migração da ave à dos brasileiros nordestinos, que às vezes deixam as regiões mais secas para procurar melhores condições de vida.

Alguns animais que vivem na Caatinga têm proteção contra a seca (pele grossa, carapaças), outros migram para procurar comida na época da seca.

## NESTE CAPÍTULO, VOCÊ VIU QUE:

- O Brasil tem várias paisagens que abrigam seres vivos muito diferentes. Essas diferenças ocorrem principalmente em razão da variação do clima e do solo.
- A Amazônia se estende por vários países, além do Brasil. Esse bioma é muito úmido e tem algumas terras sempre alagadas.
- O Cerrado é um ambiente que ocupa a região central do Brasil. Sua vegetação sofre com o desmatamento e as queimadas provocadas por seres humanos.
- A Caatinga, apesar de ser muito seca, tem muitas plantas e animais adaptados à falta de água. Alguns animais da Caatinga já foram extintos porque o ambiente vem sendo degradado.

# ATIVIDADES DO CAPÍTULO

**1.** O mapa a seguir mostra as áreas devastadas dos três biomas que estudamos: Amazônia, Cerrado e Caatinga. Observe-o e faça o que se pede.

**Devastação da Amazônia, Cerrado e Caatinga**

Mapas: Banco de imagens/Arquivo da editora

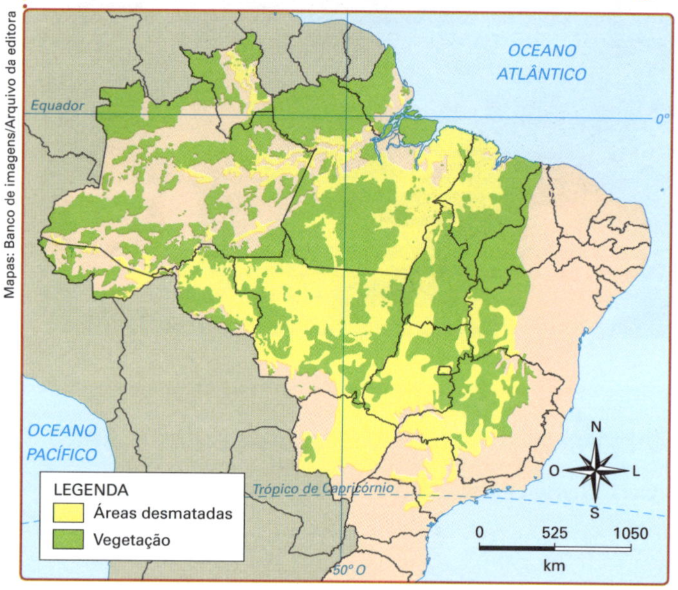


Adaptado de: *Atlas geográfico escolar*. Ensino Fundamental do 6º ao 9º ano. Rio de Janeiro: IBGE, 2010. p. 18.

a) Qual é o impacto da devastação dos biomas do mapa para os animais e as plantas dessas áreas?

______________________________

______________________________

______________________________

______________________________

b) Identifique os estados em que o Cerrado foi mais devastado.

______________________________

______________________________

c) Os mapas a seguir mostram as áreas que se destacam na agricultura e na pecuária. Compare-os com o mapa acima e responda: há relação entre as atividades agropecuárias e a devastação da vegetação? Qual?

**Milho**

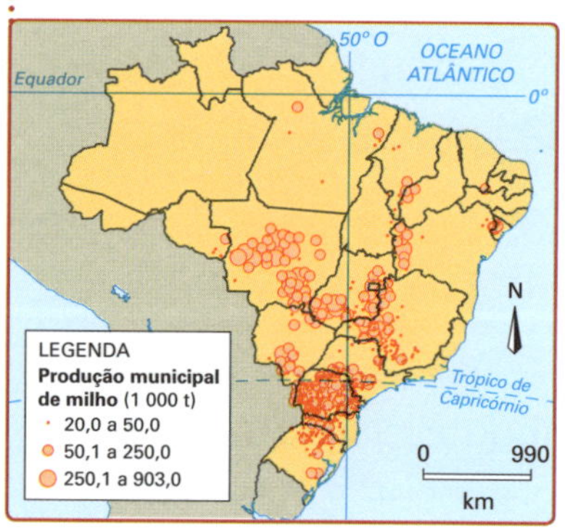


**Soja**

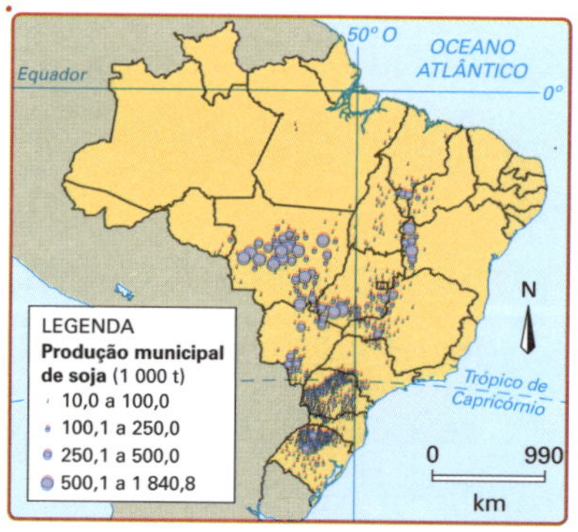


**Pecuária de rebanho bovino**

Adaptado de: *Atlas geográfico escolar*. Ensino Fundamental do 6º ao 9º ano. Rio de Janeiro: IBGE, 2010. p. 32-33.

______________________________

______________________________

**2.** Dê um exemplo de animal que está extinto na natureza. Quais são as principais razões que levam à extinção dos animais?

**3.** No texto a seguir, vamos conhecer os resultados de uma interessante pesquisa sobre a preservação de florestas. Leia com atenção e, em seguida, responda às questões.

## Dúvidas na floresta

Imagine uma grande reserva de florestas naturais preservadas. Agora, imagine vários pequenos trechos de áreas menores, espalhados por aí, que, somados, ficariam do mesmo tamanho de uma grande reserva. Para preservar a natureza, qual dessas duas estratégias será mais interessante? Difícil decidir, não é mesmo?

Na verdade, essa dúvida tirou o sono de muitos cientistas durante décadas, e a boa notícia é que já temos uma resposta. "A resposta é que a pergunta pode ser considerada ingênua", diz o ecólogo José Luís Camargo, do Instituto Nacional de Pesquisas da Amazônia (Inpa). "Para uma onça, o tamanho mínimo de uma floresta deve ser um; mas, para um besouro, por exemplo, pode ser outro", explica o cientista.

[...]

Depois de muito estudar, os cientistas concluíram que, em geral, o melhor mesmo é que sejam preservadas áreas extensas de floresta. Parece óbvio, mas saiba que essas informações não foram fáceis de conseguir!

Para entender essa complicada questão, os pesquisadores acompanharam, por mais de 30 anos, diversos trechos de florestas – contínuas e fragmentadas – que ficam a 80 quilômetros de Manaus, no Amazonas. O estudo, iniciado em 1979 (você não era nem nascido!), é o mais antigo projeto de conservação do Brasil e um dos mais antigos do mundo!

Henrique Kugler. Dúvidas na floresta. *Ciência hoje das crianças*, 21 nov. 2013. Disponível em: <http://chc.cienciahoje.uol.com.br/duvidas-na-floresta>. Acesso em: 20 jan. 2016.

a) Qual era a dúvida dos cientistas?

b) Qual foi o resultado da pesquisa? Como isso ajuda na preservação das florestas?

CAPÍTULO 5

# BIOMAS BRASILEIROS II

## MATA ATLÂNTICA

Observe abaixo uma paisagem típica do bioma Mata Atlântica.

Fabio Colombini/Acervo do fotógrafo

- Agora, descreva a vegetação da imagem que você observou.
- Como você imagina que seja a umidade desse lugar?

A chamada Mata Atlântica inclui desde as florestas atlânticas, que ocorriam junto ao litoral brasileiro, até as matas de Araucárias, que eram encontradas em áreas de clima mais frio, no Sul do Brasil e também no alto de serras do Sudeste.

No mapa ao lado, observamos a extensão original dessas florestas. Também podemos conhecer as poucas áreas em que ainda encontramos vegetação original.

**Mata Atlântica e sua devastação**

Banco de imagens/Arquivo da editora

Adaptado de: <www.sosma.org.br/projeto/atlas-da-mata-atlantica/>. Acesso em: 20 abr. 2016.

Pelo mapa, vemos que resta bem pouco da mata original que ocupava quase toda a costa brasileira, de norte a sul.

O solo da Mata Atlântica é pobre em minerais, mas recebe muita matéria orgânica porque abriga muitos animais, plantas e outros seres vivos.

As áreas que restaram de Mata Atlântica são constituídas por árvores que formam uma vegetação fechada, com muitas plantas rasteiras e algumas plantas trepadeiras. As bromélias, orquídeas e demais plantas que vivem sobre outras espécies são chamadas **epífitas**.

- **Você já ouviu falar em uma árvore chamada pau-brasil? Comente com seus colegas algumas das características dessa árvore.**

O pau-brasil é uma das árvores mais conhecidas da Mata Atlântica e foi muito explorado no início da colonização portuguesa. Ele era usado para a fabricação de corantes e sua madeira era utilizada em construções.

Os elementos das imagens não estão representados em proporção entre si.

Fabio Colombini/Acervo do fotógrafo

Folhas e caule do pau-brasil.

João Prudente/Pulsar Images

Frutos e folhas do pau-brasil.

## ANIMAIS DA MATA ATLÂNTICA

Como vimos, a Mata Atlântica tem uma vegetação fechada, com vários tipos de plantas. Algumas delas vivem sobre árvores, como as bromélias.

- **Com qual outro bioma você acha que a Mata Atlântica mais se parece? Por quê? Discuta com seus colegas e apresente sua conclusão para o professor.**

A Mata Atlântica ocorre em regiões de muita chuva e, assim, possui um clima úmido. Isso favorece o crescimento de diferentes tipos de plantas, que por sua vez abrigam uma diversidade enorme de animais.

Esse bioma já ocupou boa parte do território brasileiro e contém uma das biodiversidades mais ricas do mundo.

Com a perda do bioma, há o risco de perder também os animais que ali vivem, como os mamíferos mico-leão-dourado, bicho-preguiça e jaguatirica, que estão ameaçados de extinção.

Fabio Colombini/Acervo do fotógrafo

Jaguatirica.

Bicho-preguiça.

Fabio Colombini/Acervo do fotógrafo

Fabio Colombini/Acervo do fotógrafo

Mico-leão-dourado.

Os elementos das imagens não estão representados em proporção entre si.

- **Além dos animais mamíferos, que outros tipos de animais você acha que vivem na Mata Atlântica?**

O tiê-sangue é a ave símbolo da Mata Atlântica. Ele também é conhecido como sangue-de-boi, tiê-fogo, chau-baeta e tapiranga. O macho tem a coloração vermelha e vistosa, e a fêmea é marrom avermelhada. O tiê-sangue se alimenta de frutos e, por enquanto, é considerado uma espécie em baixo risco de extinção.

Os elementos das imagens não estão representados em proporção entre si.

Daniel Augusto Jr/Pulsar Imagens

Tiê-sangue fêmea.

Daniel Augusto Jr/Pulsar Imagens

Tiê-sangue macho.

Borboleta da Mata Atlântica.

Fabio Colombini/Acervo do fotógrafo

Veja abaixo alguns exemplos de animais ameaçados que vivem nesse bioma.

Fabio Colombini/Acervo do fotógrafo

Jararaca-ilhoa.

Fabio Colombini/Acervo do fotógrafo

Piracanjuba.

## PAMPAS

- Faça uma leitura das imagens abaixo. O que você observa na paisagem dos Pampas? Pense nos outros biomas que você estudou e troque ideias com seus colegas sobre as diferenças encontradas.

Gerson Gerloff/Pulsar Imagens

Planet Observer/SPL/Latinstock

Os campos localizados no Sul do Brasil são chamados Pampas. O solo dos Pampas é fértil; por isso, diversas áreas são utilizadas para cultivos, como as plantações de uva.

No Sul do Brasil, as temperaturas são altas no verão. No inverno, mais úmido, chega a gear. Há períodos de seca e outros períodos de chuvas abundantes.

Os Pampas não são formados apenas de plantas rasteiras semelhantes à grama; ao longo dos rios encontramos matas ciliares com árvores de maior porte, e há, ainda, áreas com plantas de porte arbustivo.

Adaptado de: <www.ibama.gov.br>. Acesso em: 20 jan. 2016.

**Pampas**

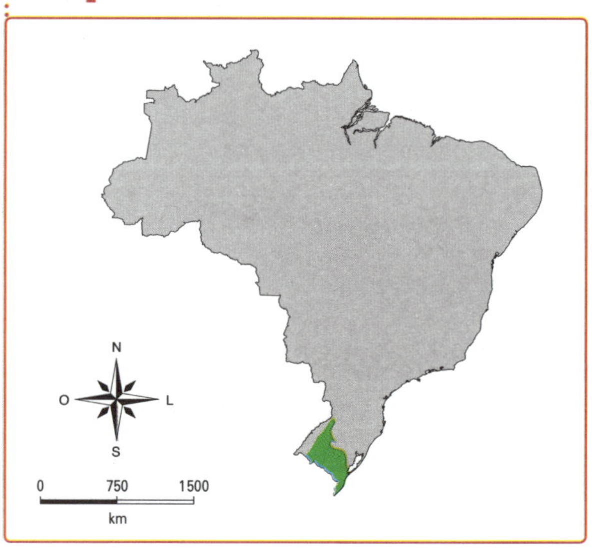


Banco de imagens/Arquivo da editora

## ANIMAIS DOS PAMPAS

Os animais que vivem nos Pampas são bem diferentes daqueles que vivem em matas fechadas, como a Mata Atlântica.

Entre os animais mamíferos que vivem nos Pampas, podemos encontrar: o ratão-do-banhado e a capivara, que vivem sempre próximos à água; e o gato-palheiro, que se alimenta de aves, roedores e lagartos e está ameaçado de extinção.

Os elementos das imagens não estão representados em proporção entre si.

Além desses mamíferos, há muitas aves. Uma delas é o quero-quero, ave símbolo do Rio Grande do Sul. Os quero-queros se alimentam de insetos encontrados na vegetação e de pequenos peixes que encontram na lama. Para capturar esses peixinhos, o quero-quero agita a lama com as pernas. Talvez você já tenha visto essas aves: elas são frequentemente encontradas em campos de futebol.

Meriel Lland/Photolibrary/Getty Images

Ratão-do-banhado.

Fabio Colombini/Acervo do fotógrafo

Quero-quero.

Fabio Colombini/Acervo do fotógrafo

Gato-palheiro.

## PANTANAL

- O que você percebe nas duas fotos de vistas aéreas do Pantanal? Observe com atenção as duas fotos e apresente suas ideias para os colegas e o professor.

Ernest Reghran/Pulsar Imagens

Pantanal na época da seca em Corumbá, Mato Grosso do Sul.

Mario Friedlander/Pulsar Imagens

Pantanal na época das chuvas em Barão de Melgaço, Mato Grosso.

O Pantanal é marcado por duas estações: uma chuvosa, que caracteriza o período das cheias, e uma seca, que ocorre no inverno. Durante a cheia dos rios, a planície é inundada e alaga a maior parte da região. Esse fenômeno é de extrema importância para a riqueza da flora e da fauna, pois as águas trazem nutrientes para o solo.

As formações vegetais do Pantanal englobam cerrado, floresta tropical, campos (gramíneas) e diversas espécies de plantas aquáticas. Assim como a flora, a fauna pantaneira é abundante e bastante diversificada.

Nessa região, as árvores não se concentram muito em um mesmo local, então a vegetação é bem aberta. Como exemplos de árvores temos a aroeira e o ipê-roxo.

Veja ao lado o mapa com a localização desse bioma.

**Pantanal**

Banco de imagens/Arquivo da editora

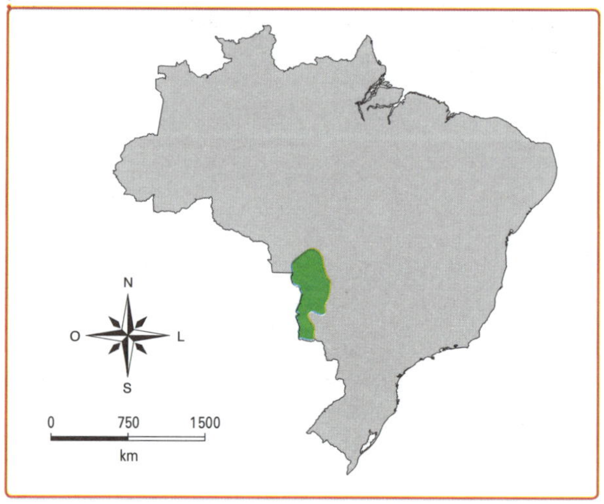


Adaptado de: <www.ibama.gov.br>. Acesso em: 20 jan. 2016.

## ANIMAIS DO PANTANAL

Nas árvores, vemos bandos de aves, como garças e araras. Temos também o tuiuiú, que é a ave símbolo do Pantanal.

Nas áreas abertas crescem capins que constituem pastagens naturais para o gado que foi levado para a região. Há ainda jacarés, serpentes e uma grande quantidade de peixes.

Tuiuiú.

Palê Zuppani/Pulsar Imagens

Fabio Colombini/Acervo do fotógrafo

Jacaré-do-pantanal.

Os elementos das imagens não estão representados em proporção entre si.

O Pantanal e os demais ambientes que estudamos são chamados **biomas**. Eles contêm comunidades de seres vivos com características que estão relacionadas aos fatores do clima e do solo da região.

Esses biomas contêm vários ecossistemas, ou seja, interações entre o ambiente e os seres vivos que ali habitam. O Pantanal, por exemplo, tem várias lagoas, que são ecossistemas formados por água, rochas e diversas comunidades de seres vivos, incluindo plantas, animais e microrganismos.

### NESTE CAPÍTULO, VOCÊ VIU QUE:

- Cada bioma tem características próprias de clima, solo, vegetação e tipo de fauna.
- A Mata Atlântica tem semelhanças com a Amazônia por ser uma floresta úmida.
- Os Pampas ocorrem no Sul do Brasil e têm temperaturas que variam muito ao longo do ano.
- O Pantanal tem uma paisagem que depende muito da época do ano. Na época de chuvas, há as cheias e as terras ficam alagadas. Na seca, a paisagem muda muito.

# LEITURA DE IMAGEM

## ECOSSISTEMAS BRASILEIROS E AÇÕES HUMANAS

Os seres humanos desenvolvem muitas ações de preservação de ecossistemas. Mas também desenvolvem ações prejudiciais a eles. Que ações do ser humano são prejudiciais, por exemplo, a uma floresta? Qual seria o prejuízo dessas ações para a floresta?

### OBSERVE

1

Edson Sato/Pulsar Imagens

Abertura de mata para utilização da madeira e plantio de mandioca. Amajari, em Roraima.

Floresta desmatada para produção de grãos, em Querência, Mato Grosso.

2

Palê Zuppani/Pulsar Imagens

## ANALISE

**1.** Sobre a imagem 1, responda:

a) O que ela mostra?

_______________

b) O que acontece com as plantas e animais que vivem em uma área como essa?

_______________

c) Quais são as consequências dessa ação para o ecossistema mostrado?

_______________

_______________

**2.** Sobre a imagem 2, responda:

a) O que ela mostra?

_______________

b) A área está em seu estado natural ou foi modificada pelo ser humano? O que demonstra isso?

_______________

_______________

## RELACIONE

**3.** O desmatamento de uma área de floresta nativa (como retratado na imagem 2) foi realizado para a:

- [ ] preservação de áreas de mata nativa e biomas brasileiros.
- [ ] agricultura.

**4.** O que você pensa sobre a derrubada de mata nativa para fazer plantações e pastos? Converse com seus colegas para levantar aspectos positivos e negativos.

# ATIVIDADES DO CAPÍTULO

**1.** No mapa ao lado, pinte cada um dos biomas com uma cor diferente e complete a legenda com as cores e os nomes dos biomas que faltam.

Banco de imagens/Arquivo da editora

Adaptado de: <www.ibge.gov.br/home>. Acesso em: jan. 2016.

**2.** Relacione os fatores climáticos aos biomas estudados, completando o quadro abaixo.

| Bioma brasileiro | Fatores climáticos |
|---|---|
| Mata Atlântica | |
| | Campos com temperaturas muito altas no verão e muito baixas no inverno. |
| | Bioma que possui época de chuvas e época de seca, com solo alagado na época das chuvas. |

**3.** Escolha um dos biomas vistos nesses dois últimos capítulos e o descreva, citando pelo menos um animal e um vegetal típicos desse bioma.

4. Relacione as informações sobre os animais com a foto de cada bioma estudado neste capítulo.

a) O tiê-sangue é a ave símbolo desse bioma. Outros animais presentes são o mico-leão-dourado, o bicho-preguiça e a jaguatirica.

b) Entre os animais mamíferos que vivem nesse bioma, podemos encontrar o ratão-do-banhado, a capivara e o gato-palheiro.

c) Além de jacarés e peixes, as aves são muito abundantes nesse bioma. O tuiuiú é sua ave-símbolo.

Gerson Gerloff/Pulsar Imagens

Mato Grosso do Sul.

Os elementos das imagens não estão representados em proporção entre si.

José Bassit/Pulsar Imagens

São Paulo.

Gerson Gerloff/Pulsar Imagens

Rio Grande do Sul.

# ENTENDER E PRATICAR CIÊNCIAS

## REVISÃO BIBLIOGRÁFICA

Relendo o que você estudou nesses dois capítulos, construa uma ficha técnica dos seis biomas estudados, com os seguintes itens: vegetação (flora), animais (fauna) e características do solo e do clima.

Para auxiliá-lo nessa tarefa, indicamos a seguir alguns *sites* interessantes, que trazem informações sobre os biomas estudados nesta Unidade. Você vai perceber que alguns dados se repetem nesses *sites*, é provável que essas sejam informações essenciais dos biomas, por isso você deve ficar de olho quando identificar algo que já leu no livro ou em outro *site*. Compare as informações e registre-as em seu caderno. Em sala de aula, você e seus colegas vão utilizá-las para montar a ficha técnica.

**IBGE 7 a 12**
Esse canal do IBGE traz diversas informações interessantes a respeito do país. Na seção "Nosso território" há muitos dados sobre os biomas brasileiros. Disponível em: <http://7a12.ibge.gov.br/vamos-conhecer-o-brasil/nosso-territorio/biomas>. Acesso em: 20 jan. 2016.

**Biomas do Brasil**
Durante a Conferência das Nações Unidas sobre Desenvolvimento Sustentável, a Rio+20, que aconteceu em 2012, uma grande exposição apresentou os biomas brasileiros. O *site* dessa exposição continua disponível na internet e traz dados e imagens de cada um dos biomas. Disponível em: <www.biomasdobrasil.com>. Acesso em: 20 jan. 2016.

**Sistema Nacional de Informações Florestais**
O Serviço Florestal Brasileiro reuniu em seu *site* dados estatísticos (população, área total e das unidades de conservação), mapas e descrições dos biomas brasileiros. Disponível em: <www.florestal.gov.br/snif/recursos-florestais/os-biomas-e-suas-florestas>. Acesso em: 20 jan. 2016.

**WWF Brasil**
A organização não governamental WWF atua, em todo o mundo, em questões ambientais, denunciando a destruição da natureza. Em seu *site*, são analisadas as ameaças ao meio ambiente de cada bioma. Disponível em: <www.wwf.org.br/natureza_brasileira/questoes_ambientais/biomas>. Acesso em: 20 jan. 2016.

Ilustrações: Tati Rivoire/Arquivo da editora

Em uma folha à parte, elaborem uma ficha técnica para cada um dos biomas brasileiros. O quadro a seguir pode ser utilizado como modelo.

CAPÍTULO 6

# A IMPORTÂNCIA DA BIODIVERSIDADE

## BIODIVERSIDADE

Quantos seres vivos diferentes você conhece?

Existe uma grande variedade de seres vivos, com formas e características diversificadas. Isso lhes permite sobreviver em diferentes ambientes.

Observe a imagem abaixo, que representa o fundo do mar.

- **Como você acha que é a água deste ambiente: doce ou salgada?**
- **Esta imagem retrata que tipo de ambiente?**
- **Quantos animais diferentes você consegue ver nesta imagem?**

As imagens não estão representadas em proporção entre si.

Vlad61/Shutterstock/Glow Images

Nos capítulos anteriores, vimos que no Brasil há uma grande variedade de seres vivos.

- **O que você entende por "biodiversidade"?**

**Biodiversidade**, ou diversidade biológica, é o termo que define a variedade de seres vivos encontrada em um ecossistema, região ou mesmo em todo o planeta.

Você se lembra de como eram os seres vivos dos diferentes biomas brasileiros? As florestas úmidas, onde há chuvas constantes, têm maior diversidade de plantas, animais, fungos e microrganismos. No Brasil, entre as florestas úmidas se destacam a Amazônia e a Mata Atlântica.

- **Observe as fotos abaixo e responda: por que você acha que esses biomas têm mais espécies de seres vivos do que, por exemplo, a Caatinga?**

Fabio Colombini/Acervo do fotógrafo

Aspecto da Amazônia.

Mauricio Simonetti/Pulsar Imagens

Aspecto da Mata Atlântica.

## DESEQUILÍBRIO DOS ECOSSISTEMAS

Imagine uma floresta. Nela temos aves que vivem nos galhos das árvores e se alimentam de sementes.

Como há muitas árvores diferentes, haverá também diversos tipos de alimento para várias espécies de aves. Assim, a competição entre as aves por alimento é menor, e há mais chances de que a maioria dos animais sobreviva.

- **O que você acha que aconteceria com essas aves se metade das árvores do ambiente em que vivem fosse cortada para a produção de madeira?**

Com menos árvores haveria menos alimento disponível. Isso aumentaria a competição entre os animais, fazendo com que só alguns sobrevivessem.

Agora, lembre também que essas aves servem de alimento para felinos e outros animais. Assim, com a diminuição delas, também ficaria mais difícil a sobrevivência dos animais que se alimentam dessas aves.

Gallo Images/Getty Images

Felino se alimentando de uma ave.

Os elementos das imagens não estão representados em proporção entre si.

Pássaros disputando território.

François Loubator/Shutterstock/Glow Images

Você conhece um instrumento chamado balança de pratos? Veja uma balança na imagem ao lado.

Esse instrumento serve para medir quanto pesam as coisas: coloca-se em um dos pratos um objeto cuja massa já é conhecida, e no outro é colocado o material do qual se quer descobrir a massa.

Quando os pratos ficam na mesma altura, sabemos que os objetos que estão em um prato pesam o mesmo que o objeto do outro prato.

Imaginario Studio/Arquivo da editora

- **O que você acha que aconteceria se você colocasse um objeto em um dos pratos e não colocasse nada no outro prato?**

Isso causaria um desequilíbrio na balança. Algo semelhante acontece quando alguns dos elementos de um ecossistema são destruídos ou retirados. A degradação de um bioma, por exemplo, causa o desequilíbrio entre os seres vivos e o meio onde eles vivem.

Assim, a extração excessiva de madeira, a captura de animais silvestres (tráfico de animais), queimadas, poluição ou mesmo o desvio de um rio causam grandes **desequilíbrios ecológicos**.

Renato Soares/Pulsar Imagens

Queimada no Parque Indígena do Xingu, no Mato Grosso.

## ÓRGÃOS FISCALIZADORES E LEGISLAÇÃO

Antonio R/<http://brandsoftheworld.com>

Em 5 de junho de 1992, ocorreu no Rio de Janeiro uma Conferência das Nações Unidas sobre o Meio Ambiente e o Desenvolvimento – a Rio-92. Esse encontro mundial teve como objetivo discutir a possibilidade de desenvolvimento econômico com a preservação da biodiversidade.

Durante a Rio-92, também conhecida como Eco-92, foi consagrada a expressão **desenvolvimento sustentável**. Essa expressão significa a busca pelo desenvolvimento econômico e social, respeitando o meio ambiente.

De acordo com a ideia de desenvolvimento sustentável, a sociedade atual deve usar os recursos para seu bem-estar, preservando-os para garantir o bem-estar de gerações futuras.

Desde a Rio-92, a cada dez anos são feitos novos encontros para discutir o que já foi feito e o que ainda pode ser feito pelo desenvolvimento sustentável. Em 2012, foi realizada a Rio+20.

Reprodução/<http://dreamcatchers.art.br>

## CARTA DA TERRA

No ano 2000, uma organização internacional conhecida como Unesco, lançou um documento chamado **Carta da Terra**. Conheça abaixo os princípios da Carta da Terra, adaptado especialmente para as crianças.

1. Conheça e proteja as pessoas, animais e plantas.
2. Sempre respeite estas três coisas: a vida de todo e qualquer ser vivo, os direitos das pessoas, o bem-estar de todos os seres vivos.
3. Utilize com cuidado o que a natureza nos oferece: água, terra, ar...
4. Mantenha limpo o lugar onde você vive.
5. Aprenda mais sobre o lugar em que você vive.
6. Todo mundo deve ter o que necessita para viver! Não deve existir a miséria.
7. Todas as crianças são igualmente importantes.
8. Sempre defenda a ideia de que qualquer criança: menino ou menina, de família rica ou pobre, negra, branca ou de qualquer outra cor, deste ou de outro país, que fale nossa língua ou não, cristã, muçulmana, de qualquer outra religião ou mesmo as que não têm religião... tenha comida, casa, família, escola, amigos, brinquedos, alegria e, se estiverem doentes, médico e medicamentos.
9. Diga sim à paz e não à guerra.
10. Estude, dando especial atenção para aquelas coisas que o ajudarão a conviver melhor com as outras pessoas e com nosso planeta.

Naia (Núcleo dos Amigos da Infância e da Adolescência). Carta da Terra para crianças. Disponível em: <http://www.sunnet.com.br/biblioteca/apresentacoes/CTparacriancasNAIA.pdf>. Acesso em: 20 jan. 2016.

Olly/Shutterstock/Glow Images

### NESTE CAPÍTULO, VOCÊ VIU QUE:

- A biodiversidade é o termo que define a variedade de seres vivos encontrada em um ecossistema.
- A Amazônia e a Mata Atlântica são os biomas brasileiros com maior biodiversidade.
- A exploração excessiva do ambiente causa desequilíbrios ecológicos.
- O desenvolvimento sustentável estabelece que a sociedade atual deve usar os recursos para seu bem-estar, preservando-os para garantir o bem-estar de gerações futuras.

# ATIVIDADES DO CAPÍTULO

**1.** Leia a tirinha e responda às perguntas.

Mauricio de Sousa/ Mauricio de Sousa Produções Ltda.

a) Por que a árvore afirma que sua morte não foi um acidente?

_______________________________________________

b) A fala da árvore está relacionada a uma ação humana que pode resultar no desequilíbrio de um ecossistema. Que ação é essa?

_______________________________________________

c) Que outras ações do ser humano estão relacionadas à degradação dos ecossistemas?

_______________________________________________

_______________________________________________

**2.** Classifique as afirmações abaixo em verdadeiras (**V**) ou falsas (**F**):

- ☐ A retirada de espécies pode resultar no desequilíbrio de um ecossistema.
- ☐ As ações do ser humano, como as queimadas e o tráfico de animais, afetam somente os biomas formados por florestas, como a Amazônia e a Mata Atlântica.
- ☐ Se cortarmos árvores de uma floresta, o número de aves que se alimentam de sementes vai aumentar.
- ☐ O tráfico de animais é responsável pela retirada de espécies de seu ambiente natural e, portanto, causa desequilíbrios nos ecossistemas.

3. Observe o mapa da região Norte do Brasil. Leia a legenda e responda às perguntas.

**Amazônia**

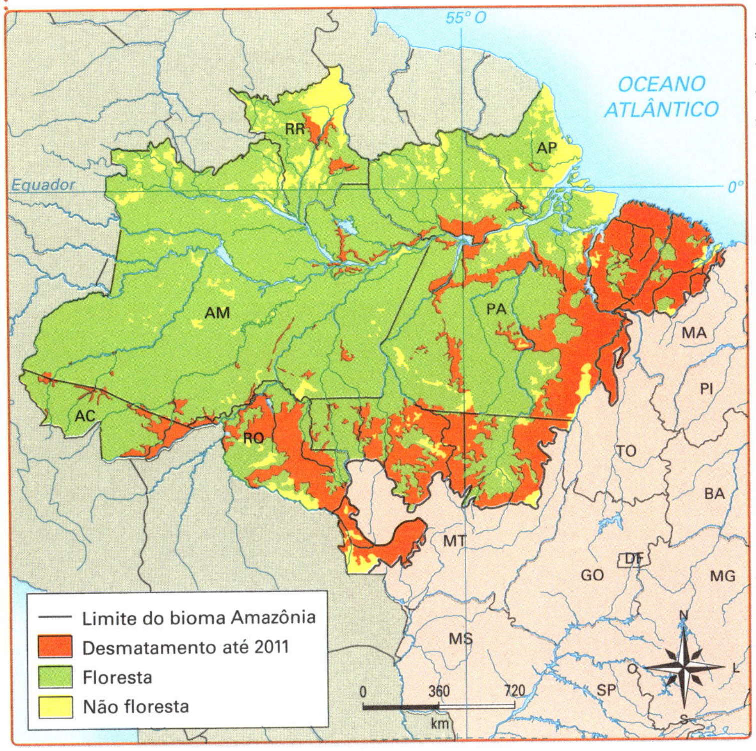


Adaptado de: <www.ipam.org.br/saiba-mais/Desmatamento-em-Foco/9>. Acesso em: 30 mar. 2016.

a) O que significa a cor verde no mapa?

______________________________

______________________________

______________________________

______________________________

b) O que significa a cor vermelha no mapa?

______________________________

______________________________

______________________________

______________________________

______________________________

c) Explique o que deve ter acontecido com a biodiversidade das áreas em vermelho.

______________________________

______________________________

______________________________

______________________________

d) Como a remoção de árvores pode afetar todo o ecossistema?

______________________________

______________________________

______________________________

______________________________

# ENTENDER E PRATICAR CIÊNCIAS

## MANGUEZAL

A foto a seguir mostra o manguezal, um ecossistema que faz parte do bioma Mata Atlântica.

Sofia Colombini/Acervo da fotógrafa

Aspecto de manguezal.

- Em grupo, façam uma pesquisa sobre os manguezais do Brasil.
- Procurem, em sua pesquisa, encontrar informações para responder às seguintes questões:

1. Em que regiões do Brasil podemos encontrar manguezais?

_______________________________________________

2. Dê um exemplo de árvore que cresce nos manguezais.

_______________________________________________

3. Como são as raízes dessas árvores?

4. Como é a água que compõe o manguezal?

5. Dê um exemplo de animal que se reproduz nesse ecossistema.

6. Por que os manguezais são importantes para o equilíbrio do meio ambiente?

- Agora, faça um desenho de uma paisagem de manguezal.

# LER E ENTENDER

Mesmo fotografando um exemplar de uma espécie, um pesquisador, ao fazer um registro, deve descrevê-lo e fornecer dados sobre tamanho, cor, formato que esse exemplar tem ou que pode vir a ter no seu desenvolvimento.

Você saberia descrever, com esses detalhes, uma planta, um animal ou um outro ser vivo, para alguém que nunca o tivesse visto?

A descrição é uma parte importante dos verbetes de enciclopédia ou dicionário. Veja um exemplo.

## Pau-brasil

Pau-brasil é um dos nomes populares da árvore da espécie *Caesalpinia echinata*, uma leguminosa nativa da **Mata Atlântica**, no Brasil. Tanto seu nome em tupi, ibirapitanga (madeira vermelha), quanto a forma como é chamada em português (pau-brasil) derivam da cor da resina vermelha contida na sua madeira. A palavra **brasil**, de fato, deriva de **brasa**, porque a cor vermelha do tronco da árvore estava associada ao fogo. O pau-brasil é conhecido também pelos nomes de ibirapiranga, ibirapitá, muirapiranga, orabutã, brasileto, pau-rosado e pau-de-pernambuco.

Considera-se que o nome do país, Brasil, foi tirado do nome dessa árvore, a mais explorada nos primeiros séculos após a chegada dos europeus.

A árvore do pau-brasil tem um tronco cheio de espinhos e seus galhos são duros e pontiagudos. A casca é pardo-acinzentada ou pardo-rosada e seu miolo é vermelho.

Pode atingir até 40 metros de altura. As flores do pau-brasil são amarelo-ouro e seu fruto libera sementes, medindo de 1 a 1,5 centímetro de diâmetro. [...]

O pau-brasil foi o principal alvo de extração e exportação dos primeiros colonizadores. A devastação foi tanta que a espécie foi considerada extinta desde o fim do século XIX até 1928, quando uma árvore de pau-brasil foi encontrada num local chamado Engenho São Bento, hoje sede da Estação Ecológica da Tapacurá, da Universidade Federal Rural de Pernambuco (UFRP). Atualmente, o pau-brasil continua na lista de espécies ameaçadas, mas, para garantir sua sobrevivência, o Jardim Botânico de São Paulo plantou, em 1979, um bosque da espécie.

Fabio Colombini/Acervo do fotógrafo

A flor do pau-brasil é de cor amarela.

Em 1961, o pau-brasil foi declarado árvore símbolo nacional. Em 1972, uma lei declarou o pau-brasil a Árvore Nacional, instituindo o dia 3 de maio como seu dia.

Também são chamadas às vezes de pau-brasil, embora não sejam exatamente a mesma árvore, a *Caesalpinia ferrea* (pau-ferro) e a *C. peltophoroides* (sibipiruna).

Pau-brasil. Britannica Escola Online. Enciclopédia Escolar Britannica, 2013. Disponível em: <http://escola.britannica.com.br/article-483444>. Acesso em: 20 jan. 2016.

## ANALISE

**1.** No texto do verbete, cada parágrafo trata de um tipo de informação.

a) Qual parágrafo explica a razão do nome pau-brasil?

________________________________________

b) O que o leitor encontra no terceiro parágrafo?

________________________________________

**2.** A informação sobre o tamanho da flor do pau-brasil é dada no verbete?

________________________________________

## RELACIONE

**3.** A língua portuguesa teve origem no latim, uma língua que já não existe. Mas muitas palavras do português vêm de outras línguas: xampu vem do inglês; quibe vem do árabe; toalete vem do francês, etc. Temos ainda muitas palavras de origem africana e indígena.

a) De que língua parecem vir os outros nomes do pau-brasil: ibirapiranga, ibirapitá, muirapiranga e orabutã?

________________________________________

b) Que explicação vocês dariam para isso? Escrevam uma hipótese (uma hipótese é uma explicação para ser verificada, pode se comprovar ou não).

________________________________________

________________________________________

________________________________________

# O QUE APRENDI?

**1.** As fotos retratam os biomas do Cerrado brasileiro e da Savana africana, e um animal típico de cada um desses ambientes. Quais semelhanças você vê entre a Savana e o Cerrado? Quais semelhanças você vê entre a ema e o avestruz?

_______________

_______________

_______________

Cerrado.

Luciano Candisani/Minden Pictures/Latinstock

Ema.

Fabio Colombini/Acervo do fotógrafo

Savana.

Nutsian/Shutterstock/Glow Images

Avestruz.

Sam DCruz/Shutterstock/Glow Images

Os elementos das imagens não estão representados em proporção entre si.

**2.** Nesta Unidade vimos como o desmatamento e a caça prejudicam o equilíbrio ecológico. E introduzir novas espécies em um ambiente? Pesquise sobre o assunto e aponte três problemas que isso pode causar.

_______________

_______________

_______________

_______________

3. Observe a imagem ap lado. É uma placa em um Parque Nacional, área delimitada para ajudar na conservação da natureza.

Simone Ziasch/Arquivo da editora

a) Que tipos de informação há na placa?

b) Discuta com seus colegas a importância, para os visitantes e para o ambiente, das indicações para não sair das trilhas, respeitar a sinalização, recolher o lixo.

4. Este é o momento de pensar no que você aprendeu nesta Unidade. Indique com um **X** na tabela.

| Conteúdos estudados | Compreendi este conteúdo | Fiquei com algumas dúvidas e preciso retomar | Não compreendi e preciso retomar |
|---|---|---|---|
| Capítulo 4<br>Características da Amazônia, do Cerrado e da Caatinga | | | |
| Capítulo 5<br>Características da Mata Atlântica, dos Pampas e do Pantanal | | | |
| Capítulo 6<br>Importância da biodiversidade | | | |

Converse com os colegas e o professor para entender melhor o seu aproveitamento e, assim, iniciar o estudo da próxima Unidade.

UNIDADE 3

# ENERGIA E MAGNETISMO

Estúdio Ornitorrinco/Arquivo da editora

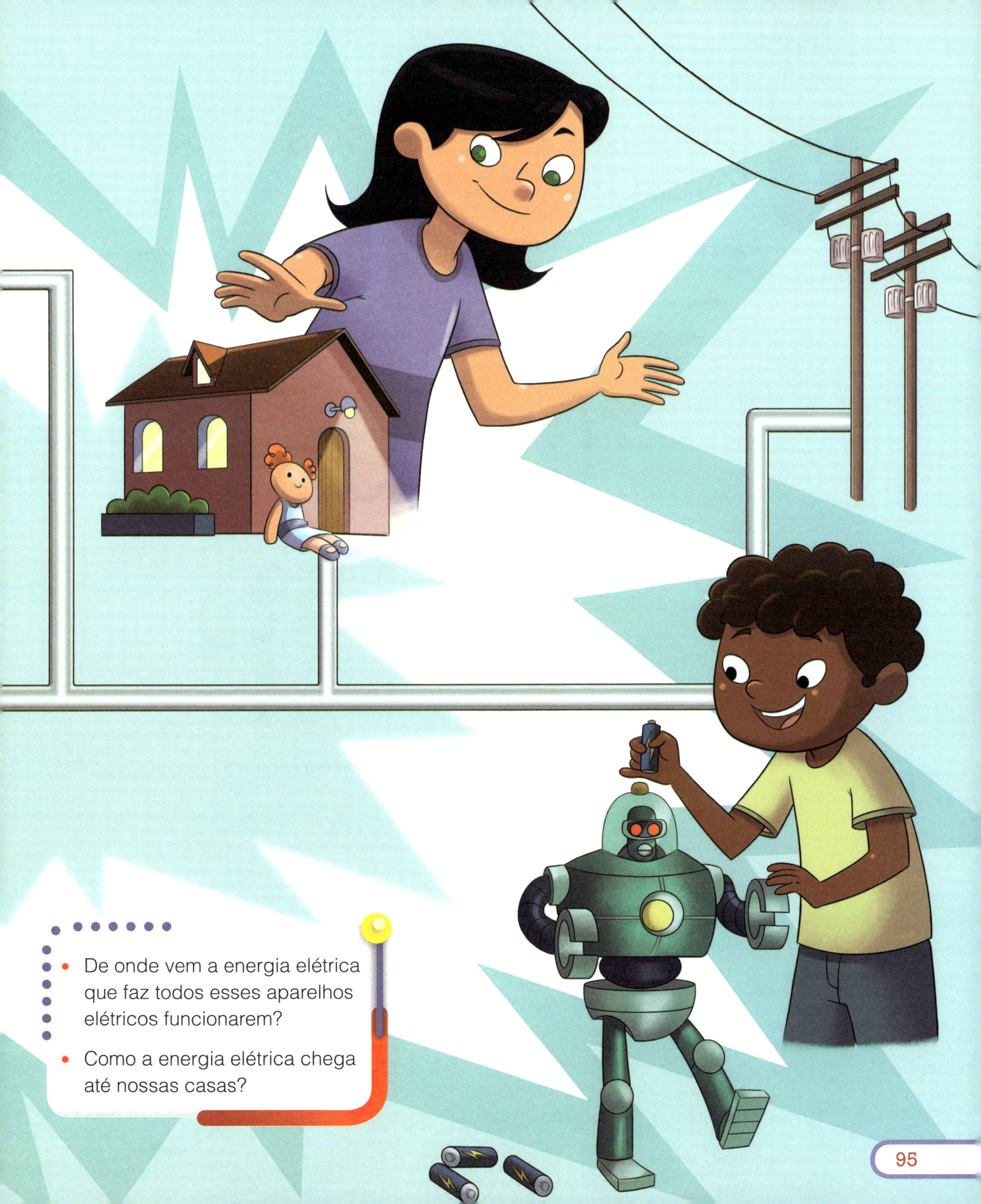

- De onde vem a energia elétrica que faz todos esses aparelhos elétricos funcionarem?
- Como a energia elétrica chega até nossas casas?

CAPÍTULO 7

# ENERGIA E RECURSOS ENERGÉTICOS

## ENERGIA ELÉTRICA

Observe as imagens dos quadros:

Os elementos das imagens não estão representados em proporção entre si.

Lampião.

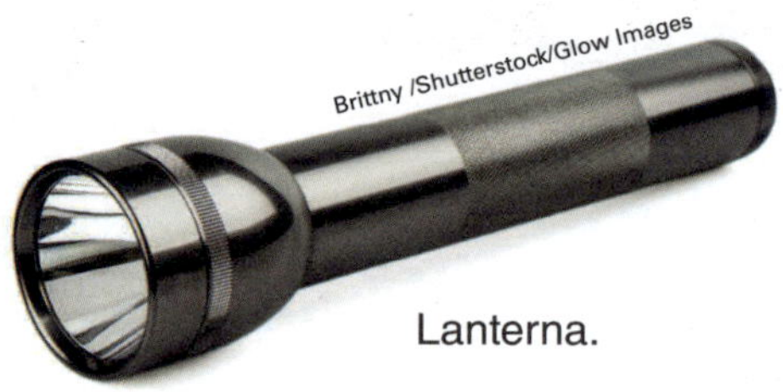

Lanterna.

Leque.

Ventilador.

- O que há em comum entre os objetos de cada par? Quais são as funções deles?

____________________

- Como funcionam esses objetos? Quais são as semelhanças e as diferenças entre eles?

____________________

____________________

Por milhares de anos o ser humano viveu sem energia elétrica. Iluminávamos as ruas e casas com tochas, velas e lampiões, cozíamos alimentos em fogueiras e, mais recentemente, em fogões à lenha.

Com o descobrimento da eletricidade, o ser humano passou a utilizá-la para aumentar a eficiência nas várias atividades humanas.

O desenvolvimento tecnológico, o crescimento populacional e a busca pela melhora na qualidade de vida fizeram com que crescesse muito rápido o consumo energético no Brasil e no mundo.

O mapa abaixo mostra o consumo de energia elétrica por pessoa nas diferentes regiões do mundo. Quanto mais intensa for a cor da região no mapa, maior é o consumo de energia elétrica, e quanto mais clara a cor da região, menor o consumo.

**Consumo de energia elétrica por pessoa**

Banco de imagens/Arquivo da editora

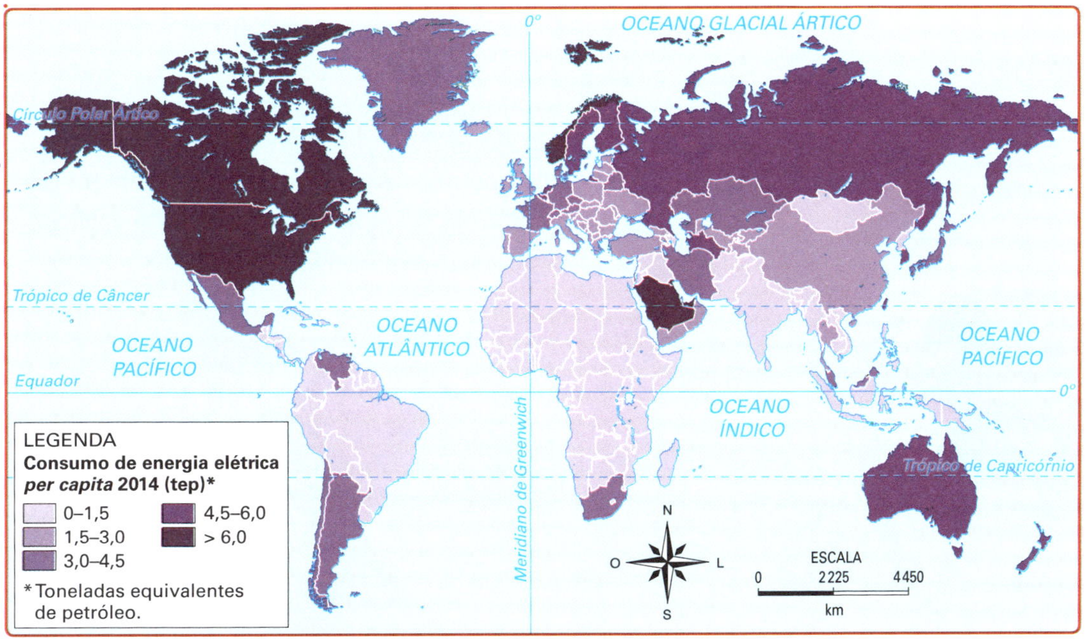


*BP Statistical Review of World Energy 2015*. Disponível em: <www.bp.com/content/dam/bp/pdf/energy-economics/statistical-review-2015/bp-statistical-review-of-world-energy-2015-full-report.pdf>. Acesso em: 31 mar. 2016.

- Com base no mapa, responda: O consumo de energia elétrica é igual em todas as regiões do mundo? Por que você acha que isso acontece?

______________________________

______________________________

- Você considera a energia elétrica importante no seu cotidiano? Por quê?

______________________________

______________________________

- Cite três atividades do seu dia a dia que precisam de energia elétrica.

______________________________

______________________________

## GERAÇÃO E DISTRIBUIÇÃO DE ENERGIA EM UMA USINA HIDRELÉTRICA

O nosso país é cortado por um grande número de rios em áreas de relevo íngreme. Isso torna a utilização de **energia hidrelétrica** um processo vantajoso. A usina hidrelétrica utiliza a força da queda-d'água para gerar energia elétrica.

Antes de chegar até as casas, escolas, lojas e indústrias, a energia elétrica percorre um longo caminho desde as usinas geradoras. Isso é feito por meio das linhas de transmissão de energia, formadas por fios condutores.

Abaixo você pode ver um esquema geral do funcionamento de uma **usina hidrelétrica**.

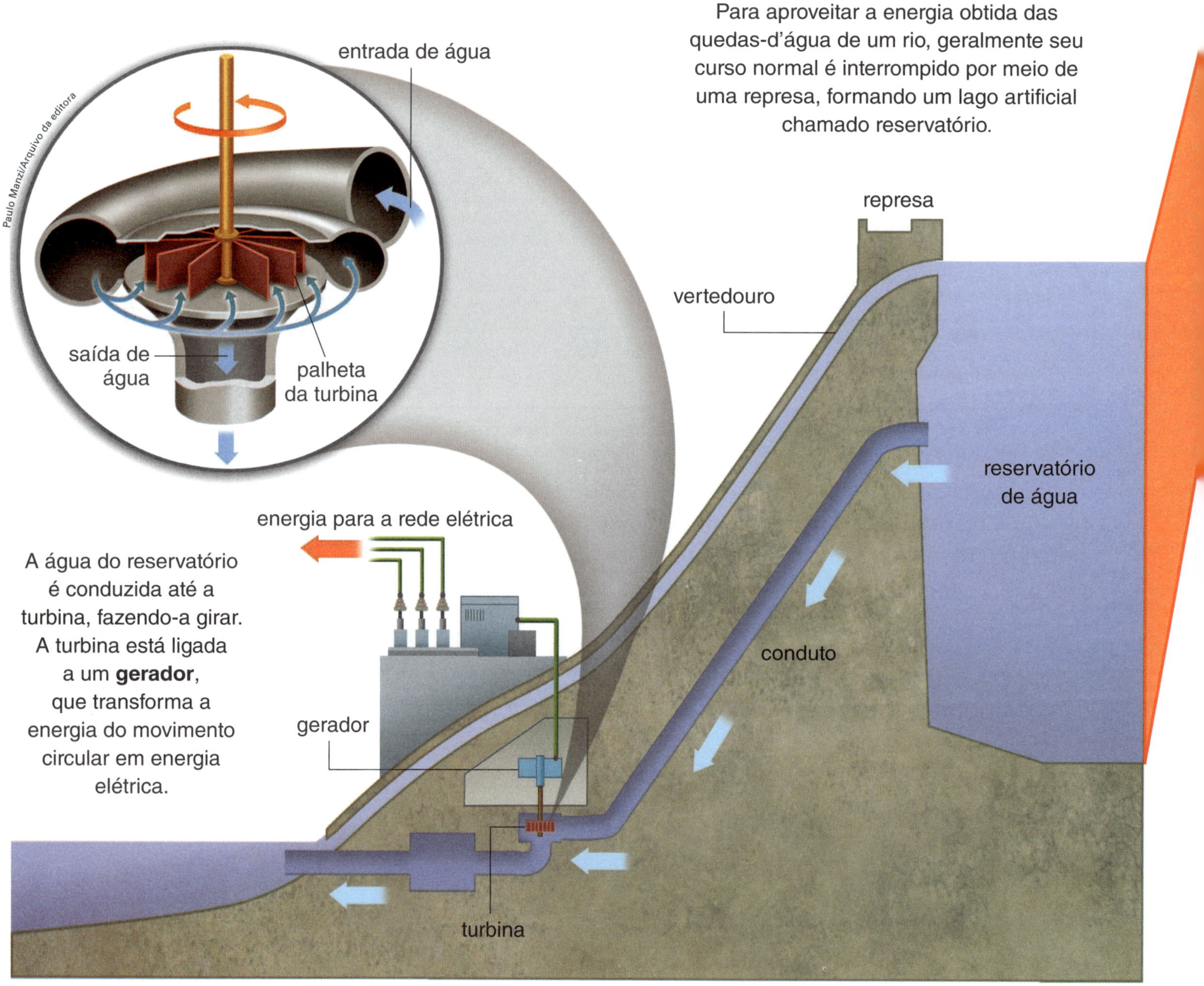

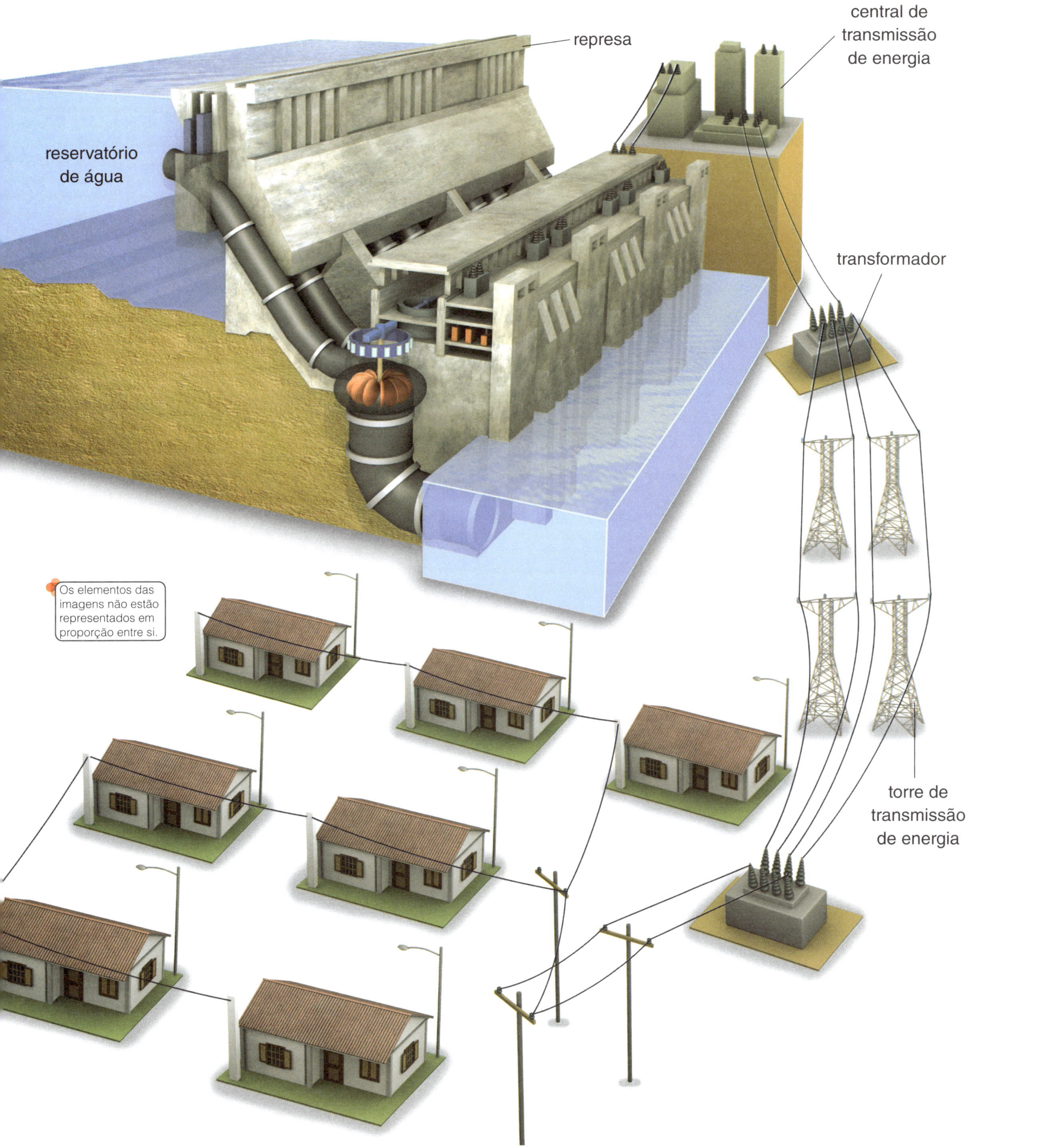
represa
central de transmissão de energia
reservatório de água
transformador
Os elementos das imagens não estão representados em proporção entre si.
torre de transmissão de energia

## OUTRAS FORMAS DE OBTENÇÃO DE ENERGIA ELÉTRICA

**Energia renovável:** é aquela que vem de recursos naturais que não se esgotam, como o Sol e o vento.

O consumo de energia elétrica está aumentando muito desde as últimas décadas. Por esse motivo, estão sendo estudadas e desenvolvidas fontes de energia que podem ser transformadas em energia elétrica, como a **energia solar** (do Sol) e a **energia eólica** (dos ventos).

Esses tipos são considerados energias limpas porque utilizam fontes de energia renováveis que causam menos impacto ambiental.

A energia luminosa do Sol pode ser convertida em energia elétrica com o uso de painéis solares. Veja um esquema de transformação de energia solar em elétrica.

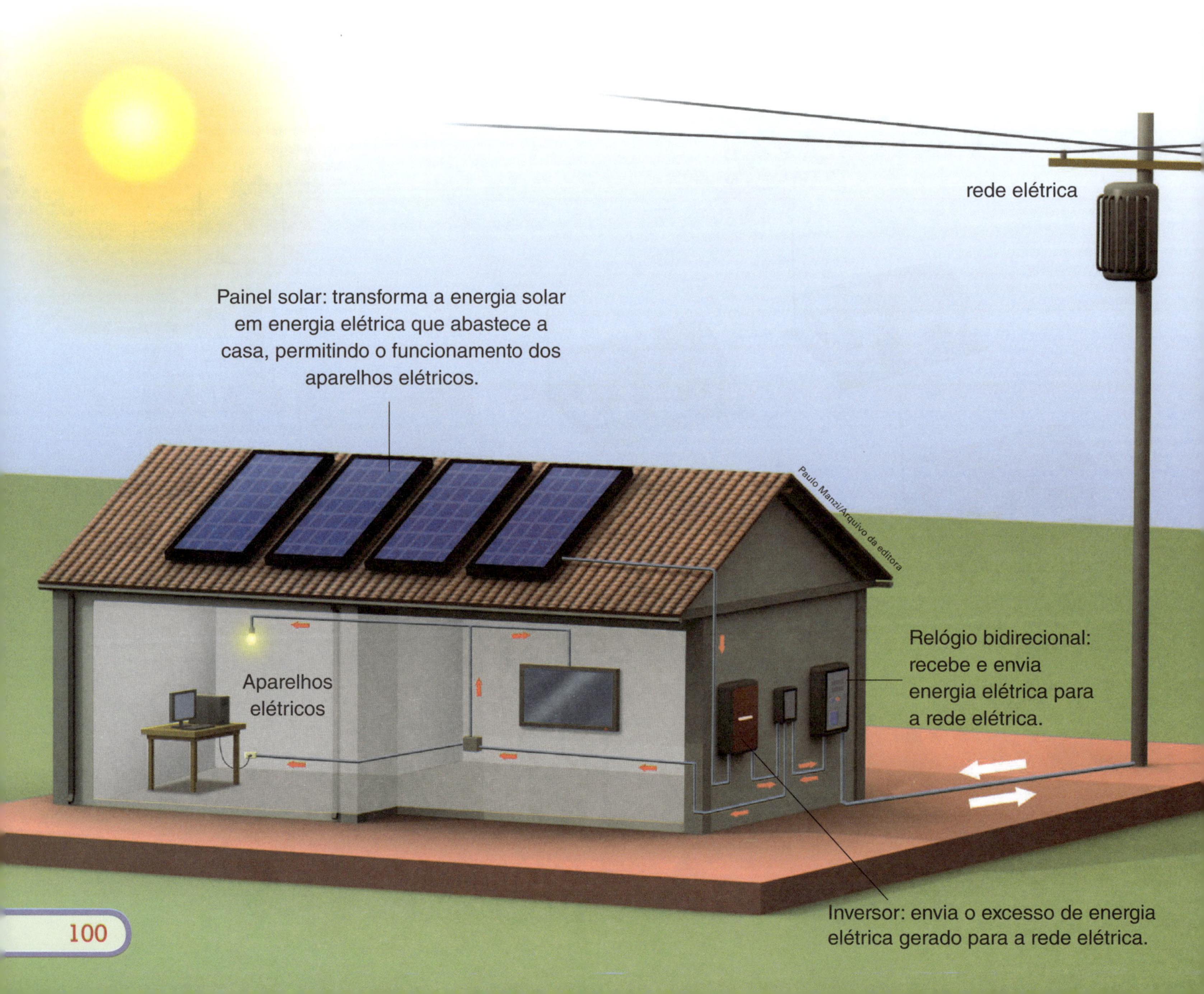

Para gerar energia elétrica a partir dos ventos, são usadas turbinas eólicas, onde o vento movimenta grandes hélices. A energia do movimento é convertida em energia elétrica no gerador, como nas usinas hidrelétricas.

A torre de energia eólica costuma ter tamanho aproximado ao de um edifício de quinze andares.

Os elementos das imagens não estão representados em proporção entre si.

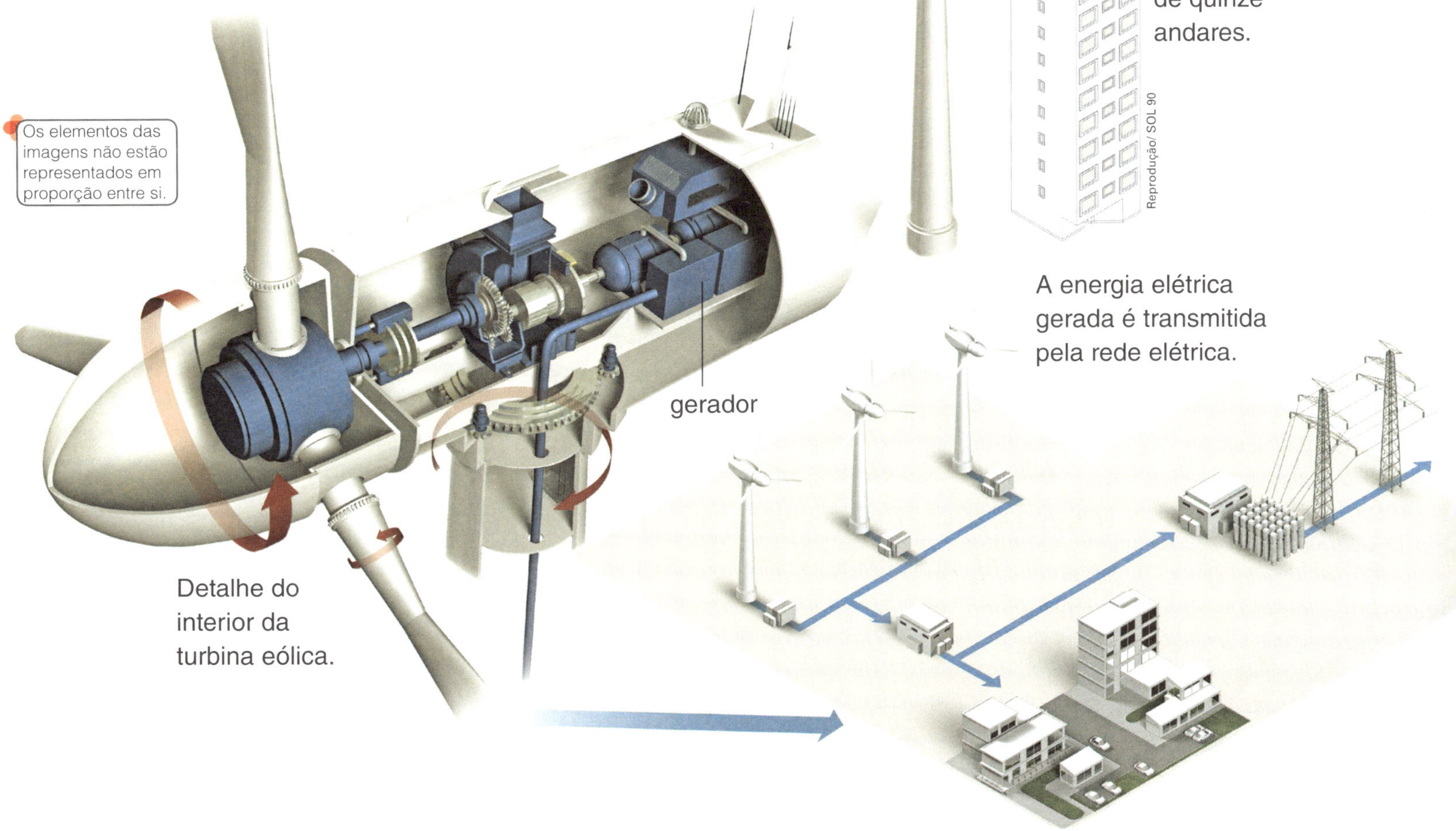


Detalhe do interior da turbina eólica.

A energia elétrica gerada é transmitida pela rede elétrica.

Parque gerador de energia eólica em Ventos do Sul, Osório, Rio Grande do Sul.

Fernando Bueno/Pulsar Imagens

## IMPACTOS AMBIENTAIS DA GERAÇÃO DA ENERGIA ELÉTRICA

Existem alguns efeitos negativos que a implantação de usinas de transformação de energia pode causar ao meio ambiente e à população local.

No caso das **usinas hidrelétricas**, a maioria desses efeitos negativos é consequência do represamento das águas. Veja alguns deles:

- remoção da população que ocupa as áreas que serão alagadas pela represa;
- a destruição da vegetação nativa provocada pelo alagamento;
- afogamento dos animais e destruição de seus *habitats*;
- alteração do clima como consequência da destruição da vegetação;
- inundação de moradias e de construções históricas;
- perda de áreas utilizadas para caça, pesca e agricultura, causando prejuízos para a população.

Apesar dos danos ao meio ambiente, o uso das usinas hidrelétricas no Brasil é considerado mais viável e menos prejudicial em relação a outros tipos de usinas, como as termoelétricas e as nucleares.

Torres da Igreja Matriz da antiga cidade de Itá, que foi encoberta por uma represa no rio Uruguai, em Santa Catarina.

Gerson Gerloff/Pulsar Imagens

As **usinas termoelétricas**, que transformam a energia térmica liberada pela queima de combustíveis (como carvão, óleo, gás e até bagaço de cana-de-açúcar) em energia elétrica, emitem gases poluentes na atmosfera.

Ale Ruaro/Pulsar Imagens

Usina termoelétrica Presidente Médici, em Candiota, no Rio Grande do Sul.

As **usinas nucleares** transformam a energia nuclear, presente no material radioativo, em energia elétrica. Esse tipo de usina é muito criticado por causa dos riscos de acidentes. As usinas nucleares das cidades de Chernobyl, na Ucrânia, e Fukushima, no Japão, foram locais de acidentes nucleares que causaram sérios problemas de saúde na população e contaminação ambiental.

Zufarov/ImageForum/Agência France-Presse

Usina nuclear de Chernobyl (Ucrânia) após o acidente nuclear em 1986.

## ECONOMIA DE ENERGIA ELÉTRICA

- **Você já esteve em algum lugar onde não tivesse energia elétrica, ou se lembra de algum dia em que ficou sem energia em casa? Que atividades você realizou quando isso aconteceu?**

_______________

_______________

_______________

- **Quais atividades você deixou de realizar quando estava sem energia elétrica?**

_______________

_______________

Usamos energia elétrica para iluminar nossa casa, para ligar aparelhos elétricos, como o computador e a televisão, para esquentar a água do banho e para mais uma série de atividades dentro e fora de nossas casas.

Vimos que a geração de energia provoca impactos negativos no ambiente. Além disso, gasta-se dinheiro e outros recursos para gerar energia. Por isso, é tão importante não desperdiçar energia elétrica.

- **O que podemos fazer para economizar energia? Troque ideias com os colegas. Em seguida, exponham as principais conclusões para o professor.**

KPG Payless2/Shutterstock/Glow Images

Durante o dia, desligue as luzes, abra as janelas e aproveite a luz do Sol para iluminar os ambientes.

Para que não falte energia, o melhor é economizar. Veja algumas formas fáceis para economizar energia elétrica.

- Utilizar lâmpadas mais econômicas.
- Utilizar a luz natural sempre que possível. Uma forma de fazer isso é colocar mesas de trabalho e de estudo perto de janelas.
- Pintar os ambientes com cores claras, que refletem melhor a luz e iluminam mais o quarto ou a sala, por exemplo.
- Usar sensores de movimento em áreas coletivas. Assim, as lâmpadas só acendem quando é necessário.

Digital Storm/Shutterstock/Glow Images

Ambiente claro e com iluminação natural.

- Não deixar a luz acesa em um ambiente no qual não haja ninguém.
- Usar apenas equipamentos elétricos com selo que garante a economia de energia.
- Instalar equipamentos para aquecer a água do banho usando calor solar.
- Posicionar o fogão longe da geladeira para que não atrapalhem o desempenho um do outro.
- Utilizar escadas em vez do elevador quando for subir poucos andares. Isso também ajuda na sua saúde!
- Reutilizar embalagens em vez de jogá-las no lixo também economiza energia.

Sergey Nivens/Shutterstock/Glow Images

## NESTE CAPÍTULO, VOCÊ VIU QUE:

- A energia elétrica percorre um longo caminho, desde as usinas até chegar a nossa casa.
- Existem várias formas de energia que podem ser transformadas em energia elétrica. A utilização de algumas dessas formas pode ser muito danosa ao meio ambiente. Por isso é importante adotarmos medidas de economia de energia elétrica.

# LEITURA DE IMAGEM

## O USO DA ENERGIA ELÉTRICA

Imagine como seria seu dia a dia sem energia elétrica. Você seria capaz de realizar suas atividades normalmente? Seria possível ter aulas na escola, assistir à televisão, fazer o almoço? E como ficaria sua cidade? As ruas, os hospitais e as lojas?

Nas últimas décadas, a evolução da tecnologia fez com que o consumo de energia elétrica aumentasse drasticamente.

### OBSERVE

NASA/SPL/Latinstock

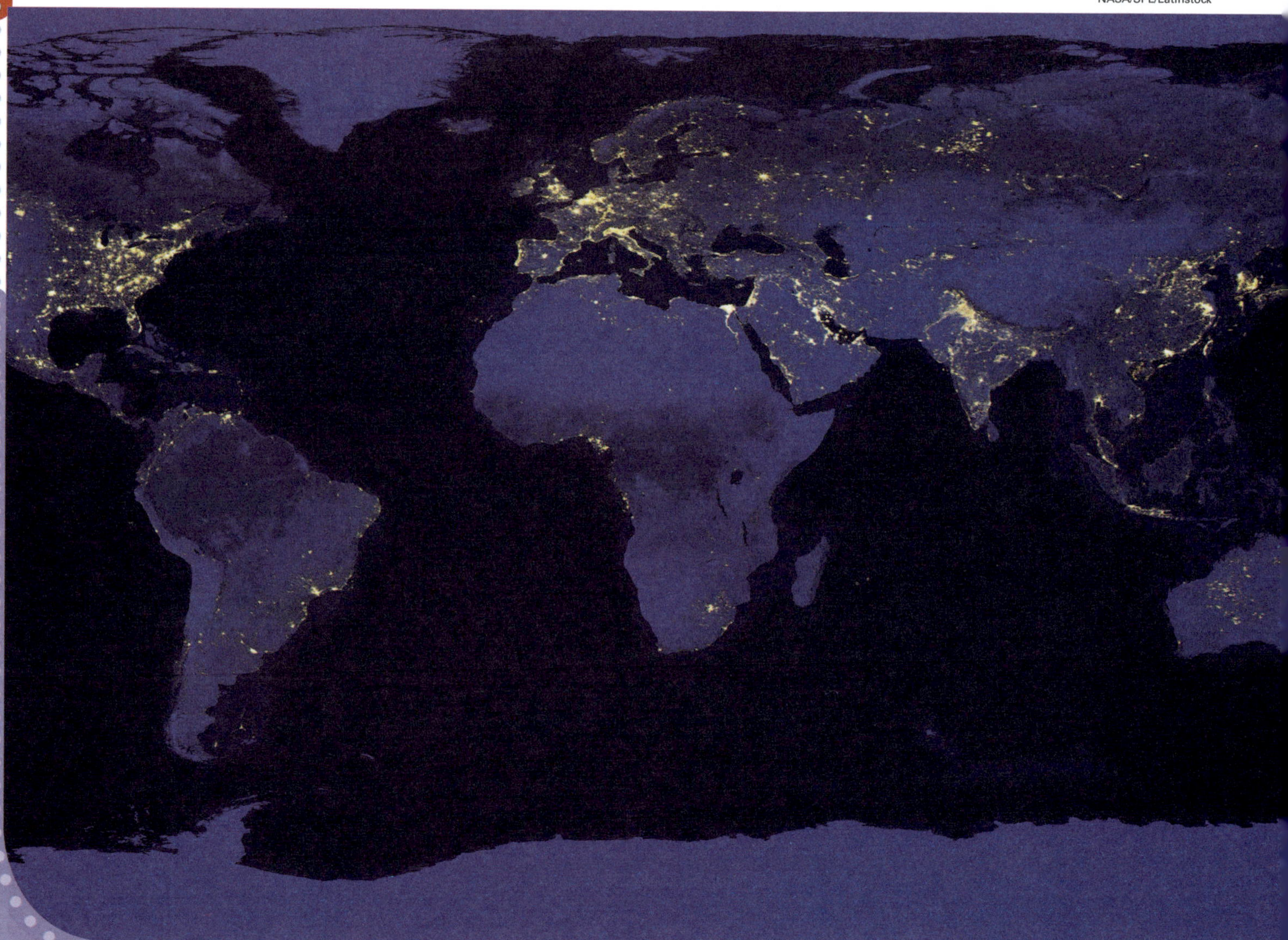

## ANALISE

1. A montagem de fotos tiradas por satélite retrata a Terra à noite. O que ela mostra? Explique suas conclusões.

2. Onde se concentram mais pontos claros na foto? Você imagina por que esses pontos se concentram nesses lugares? Compare com um mapa-múndi que mostre os países e as principais cidades.

3. Hoje em dia, é possível viver nas grandes cidades sem energia elétrica? Por quê?

## RELACIONE

4. Muitas das atividades diárias que realizamos dependem de energia elétrica. Como a utilização excessiva de energia elétrica afeta o meio ambiente?

5. Você acredita que um dia as fontes de energia elétrica se esgotarão? Explique.

6. Como vimos, a imagem ao lado mostra regiões da Terra que são bem iluminadas à noite. Você acha que isso pode afetar a vida dos seres vivos (inclusive do ser humano) nessas regiões? Em duplas, pesquisem a **poluição luminosa** e seus efeitos.

# ATIVIDADES DO CAPÍTULO

1. Observe o mapa ao lado, em que estão representados alguns rios do Brasil, e responda: Por que a produção de energia em usinas hidrelétricas é um processo vantajoso no nosso país? Como essas usinas funcionam?

______________________________

______________________________

______________________________

______________________________

______________________________

______________________________

**Recursos hídricos do Brasil**

Banco de imagens/Arquivo da editora

Adaptado de: Ministério do Meio Ambiente. Secretaria de Recursos Hídricos, 2007.

2. As usinas hidrelétricas são as principais responsáveis pela geração de energia elétrica no Brasil. Assinale as alternativas que apresentam efeitos negativos desse processo.

- [ ] Alagamento da vegetação nativa, provocando sua destruição.
- [ ] Poluição do ar causada pela emissão de gases poluentes.
- [ ] Afogamento dos animais e destruição de seus *habitats*.
- [ ] Alteração do clima como consequência da destruição da vegetação.
- [ ] Alta probabilidade de ocorrência de acidentes nucleares.

3. Utilize palavras do quadro para completar adequadamente o texto.

| ambiente • hidrelétricas • nuclear • termoelétricas |
|---|
| combustíveis • gases poluentes • ventos • térmica • painéis |

Nas usinas ____________ a energia ____________ (calor) produzida pela queima de ____________ (como a lenha, o petróleo e o gás) é transformada em energia elétrica. Esse tipo de usina pode ser prejudicial ao ____________, pois a queima de combustíveis libera ____________ na atmosfera.

4. A figura ao lado mostra uma caravela, um tipo de embarcação usada pelos portugueses nos séculos XV e XVI.

Kostyantyn Ivanyshen/Shutterstock/Glow Images

Caravela.

a) Qual a fonte de energia utilizada para movimentar essa embarcação?

____________

b) Considerando a fonte de energia utilizada pelas caravelas e a fonte energética usada pelos navios atuais, qual tipo de embarcação é mais poluente? Justifique sua resposta.

____________

CAPÍTULO

# 8 ELETRICIDADE

## CARGAS ELÉTRICAS

As cargas elétricas existem em todos os materiais. Não podemos vê-las, apenas percebemos sua existência observando os fenômenos que elas provocam.

Existem dois tipos de cargas elétricas: as positivas e as negativas.

Você pode notar a existência das cargas elétricas em objetos fazendo um experimento bem simples: pegue um pente de plástico, esfregue-o em seu cabelo (seco, limpo e sem cremes). Em seguida, aproxime o pente de pequenos pedaços de papel picado. O que você observa?

Mike Dunning/Dorling Kindersley/Getty Images

Os pedaços de papel são atraídos pelo pente, não é mesmo? Mas por que isso acontece?

Antes de acompanhar a explicação no quadro da página ao lado, você precisa saber que **cargas opostas se atraem**: cargas positivas atraem cargas negativas, e vice-versa. Já **cargas de mesmo sinal se repelem**: por exemplo, cargas negativas repelem cargas negativas.

Agora, acompanhe o esquema abaixo que explica como isso acontece.

Ilustrações: Simone Ziasch/Arquivo da editora

1. Quando você passa o pente no cabelo, algumas cargas negativas passam do cabelo para o pente.

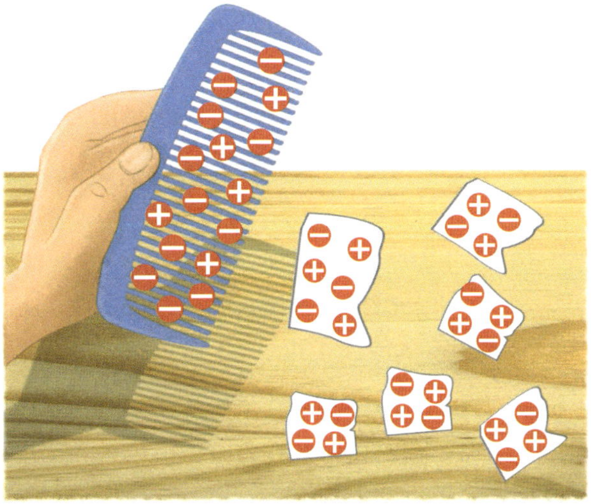

2. O pente, então, fica com excesso de cargas negativas. Já os pedacinhos de papel possuem cargas negativas e positivas em igual quantidade e distribuídas uniformemente.

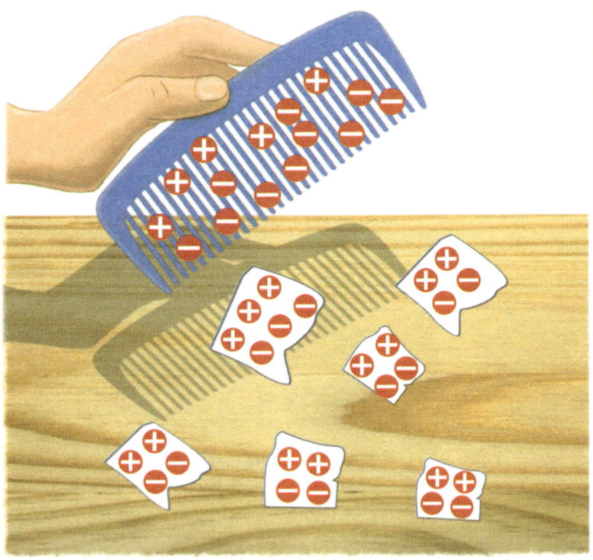

3. Quando esse pente é aproximado dos pedacinhos de papel, repele as cargas negativas e atrai as cargas positivas de cada pedacinho.

4. Assim, o pente passa a atrair os pedacinhos de papel pela extremidade positiva de cada um deles.

## CIRCUITO ELÉTRICO

Os elementos das imagens não estão representados em proporção entre si.

Os materiais que dificultam a movimentação das cargas negativas são chamados de **isolantes**. O plástico e a madeira são exemplos de materiais isolantes.

sydeen/Shutterstock/Glow Images

A madeira é um material isolante.

Outros materiais permitem que as cargas negativas se movimentem com facilidade através deles: são os **condutores**. Os metais, por exemplo, são bons condutores elétricos.

Os fios elétricos são produzidos com um material condutor recoberto por um material isolante, o plástico.

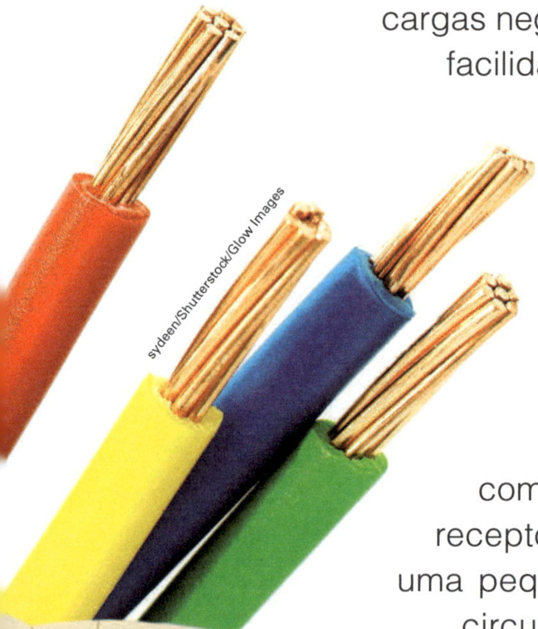

sydeen/Shutterstock/Glow Images

Quando uma grande quantidade de cargas negativas se movimenta através de um condutor elétrico forma-se uma **corrente elétrica**. Para que a corrente elétrica atravesse um corpo é necessário que se estabeleça um **circuito elétrico**.

Circuito elétrico é um conjunto formado por um **gerador elétrico**, como pilhas e baterias, um condutor elétrico, como os fios elétricos e um receptor elétrico, como uma lâmpada. Por exemplo, quando conectamos uma pequena lâmpada a uma pilha, como ilustrado ao lado, formamos um circuito. Uma corrente elétrica passa a percorrer esse circuito e, então, a lâmpada acende.

Reprodução/Arquivo da editora

De maneira semelhante à pilha, a tomada fornece energia para o circuito dos aparelhos eletrodomésticos.

tiverylucky/Shutterstock/Glow Images

**Atenção!** Se uma parte do isolamento do fio elétrico estiver faltando e dois fios se encostarem, ocorre um curto-circuito, que pode causar um incêndio.

## CHOQUE ELÉTRICO

- O que você sabe sobre choques elétricos? Você já tomou ou já viu alguém tomar um choque elétrico? Conte uma de suas experiências para a classe.

Avisos de perigo como este são comuns em locais com fios de alta-tensão.

O choque elétrico ocorre quando há passagem de corrente elétrica pelo corpo humano. Acontece, por exemplo, quando se encosta em tomadas ou em fios energizados e desencapados. Também pode ocorrer ao tocarmos nos conectores de pilhas e baterias, mas em geral a intensidade é menor.

Um dos maiores perigos são os fios de alta-tensão. Por isso, nunca mexa neles com qualquer tipo de material.

Os fios de alta-tensão levam eletricidade para a cidade inteira e são muito perigosos. Por isso, só solte pipas em lugares que não têm fios de energia elétrica. Se a pipa ficar presa nos fios, não tente pegá-la, pois pode haver acidentes graves. Além disso, quando as pipas ficam presas em fios elétricos, podem causar a interrupção na transmissão de energia elétrica.

Cartaz da Associação Brasileira de Distribuidores de Energia Elétrica alertando sobre os perigos de empinar pipas perto dos fios de energia elétrica.

## TRANSFORMAÇÃO DE ENERGIA

Como vimos, existe relação entre as formas de energia. As energias podem ser convertidas de uma forma para outra. Os exemplos de ocorrência desse fenômeno estão presentes em nosso cotidiano. Veja a imagem abaixo.

Pavel Ilyukhin/Shutterstock/Glow Images

Na imagem podemos observar os raios solares iluminando a paisagem. A energia luminosa do Sol é transformada em energia química pela fotossíntese das plantas. É neste processo que as plantas produzem seu alimento.

Numa pilha ou bateria, a energia química contida nas substâncias presentes em seu interior é transformada em energia elétrica, fazendo os equipamentos eletrônicos funcionarem.

O alto-falante converte energia elétrica em energia sonora, já um microfone faz a conversão contrária.

Os elementos desta página não estão representados em proporção entre si.

Restyler/ Shutterstock/Glow Images

Pilhas.

Ralph Biggör/Shutterstock/Glow Images

Caixa de som com dois alto-falantes.

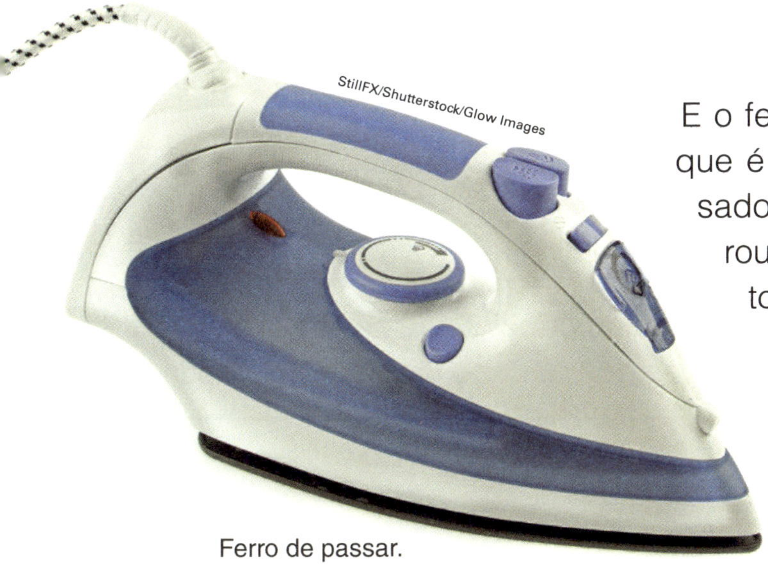

Ferro de passar.

E o ferro de passar roupas? Você sabia que é o calor que ajuda a tirar o amassado das roupas? Se o ferro de passar roupas é um exemplo de equipamento que usa energia térmica, por que ele tem de ficar ligado na tomada?

Os elementos das imagens não estão representados em proporção entre si.

Um tipo de energia pode se transformar em outro: nas usinas hidrelétricas, a energia das quedas-d'água é transformada em energia elétrica. No caso do ferro de passar, ao ser ligado na tomada, a energia elétrica se transforma em energia térmica.

Uma lâmpada incandescente é outro exemplo de transformação de energia. No interior dela existe um fio bem fino (filamento). Quando a corrente elétrica passa por esse filamento, provoca o seu aquecimento e faz com que ele emita luz. Nas lâmpadas incandescentes a energia elétrica é transformada em energia luminosa e térmica.

Lâmpada incandescente apagada.

Lâmpada incandescente acesa.

Paulo Manzi/Arquivo da editora

## NESTE CAPÍTULO, VOCÊ VIU QUE:

- As cargas podem ser positivas ou negativas e existem em todos os materiais.
- Cargas negativas, ao passarem por um objeto, formam uma corrente elétrica.
- O choque elétrico ocorre quando há passagem de corrente elétrica pelo corpo humano.
- A transformação de energia é o processo de mudança de energia de uma forma para outra.

# ATIVIDADES DO CAPÍTULO

**1.** Daniel fez a seguinte afirmação:

> O pente de plástico, ao ser esfregado no cabelo, fica carregado positivamente e atrai as cargas negativas dos pedaços de papel picado.

- Você concorda com ele? Por quê?

______________________________________________

______________________________________________

______________________________________________

**2.** Por que os eletrodomésticos devem ser ligados na tomada para funcionar?

______________________________________________

______________________________________________

______________________________________________

**3.** Circule os objetos feitos de materiais que são bons condutores de eletricidade.

Os elementos das imagens não estão representados em proporção entre si.

Julia Ivantsova/Shutterstock/Glow Images

kritskaya/Shutterstock/Glow Images

Lasse Kristensen/Shutterstock/Glow Images

unkreativ/Shutterstock/Glow Images

Bedrin/Shutterstock/Glow Images

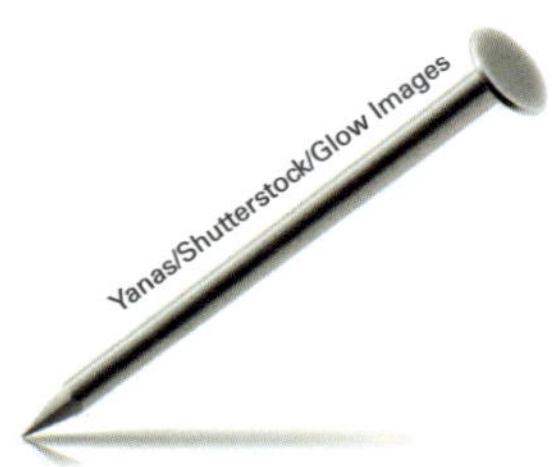
Yanas/Shutterstock/Glow Images

**4.** Dê exemplos de aparelhos nos quais ocorre a transformação de energia indicada na primeira coluna da tabela.

| Transformação de energia | Aparelho |
|---|---|
| Energia elétrica em energia cinética | |
| Energia elétrica em energia luminosa | |
| Energia elétrica em energia térmica | |

**5.** Leia o texto a seguir e depois responda à questão.

> Raios são descargas elétricas que podem dar choques fortíssimos. Eles se formam quando partículas de gelo e água, que estão dentro das nuvens, colidem e trocam cargas elétricas. Em certo momento, tantas partículas se batem que ocorrem descargas elétricas na nuvem.
>
> Algumas saem das nuvens e podem passar de uma nuvem para outra ou atingir o solo. Nuvens também podem atrair cargas do solo, e aí o raio sai do chão e sobe ao céu. Chuvas com raios são comuns no verão, quando os dias são quentes e úmidos e as nuvens ficam carregadas.
>
> Um raio sempre procura o caminho mais curto em direção ao solo. Por isso, costuma atingir objetos altos, como árvores ou casas.
>
> *Revista Recreio*, edição 576, de 24 mar. 2011.

- Quais as transformações de energia que ocorrem na formação de raios?

_______________________________________________

_______________________________________________

Raios no céu na cidade de Santos (SP).

Fabio Fersa/Shutterstock/Glow Images

# ENTENDER E PRATICAR CIÊNCIAS

## CIRCUITO ELÉTRICO

As pilhas têm um polo positivo e um negativo. Quando cada pólo é ligado a uma lâmpada por um fio condutor, forma-se um circuito elétrico.

- O que você espera que aconteça quando uma pilha é ligada a uma lâmpada?

___

___

- Entre os materiais selecionados para este experimento, quais você acha que são bons condutores de eletricidade?

___

___

**MATERIAL**

- pilha de 1,5 volts
- lâmpada de 1,5 volts
- fio elétrico
- fita isolante
- materiais sortidos: pedaço de madeira, moeda, chave, pedaço de tecido, objeto de vidro, pedra pequena, régua de plástico ou madeira, caneta, borracha

Ilustrações: Imaginário Stúdio/Arquivo da editora

Os elementos das imagens não estão representados em proporção entre si.

**Procedimento**

O professor deve cortar dois pedaços de fio, com cerca de 15 cm de comprimento.

Em seguida, o professor deve descascar as extremidades dos fios. Com a fita isolante, deve prender uma das pontas de um dos fios na pilha e a outra ponta na lâmpada e repetir a operação com o outro fio.

- O que aconteceu?

___

___

___

___

Imaginário Studio/Arquivo da editora

Agora, o professor deve cortar um dos fios ao meio e desencapar as duas novas pontas que se formaram.

Dizemos que o circuito elétrico agora está aberto, e não há corrente elétrica que acenda a lâmpada.

Use os materiais sortidos que você separou para tentar “fechar” novamente este circuito. Coloque-os entre as duas extremidades de fio soltas e veja o que acontece.

- **Quais materiais são bons condutores? E quais não são?**

______________________________________________

______________________________________________

______________________________________________

CAPÍTULO

# 9 MAGNETISMO

## ÍMÃS

- Como o ímã ao lado atrai os clipes de metal? Ele pode atrair outros materiais, como madeira ou plástico?
- Vemos também em portas de geladeiras objetos que ficam atraídos sem precisar de cola. O que mantém esses objetos atraídos?

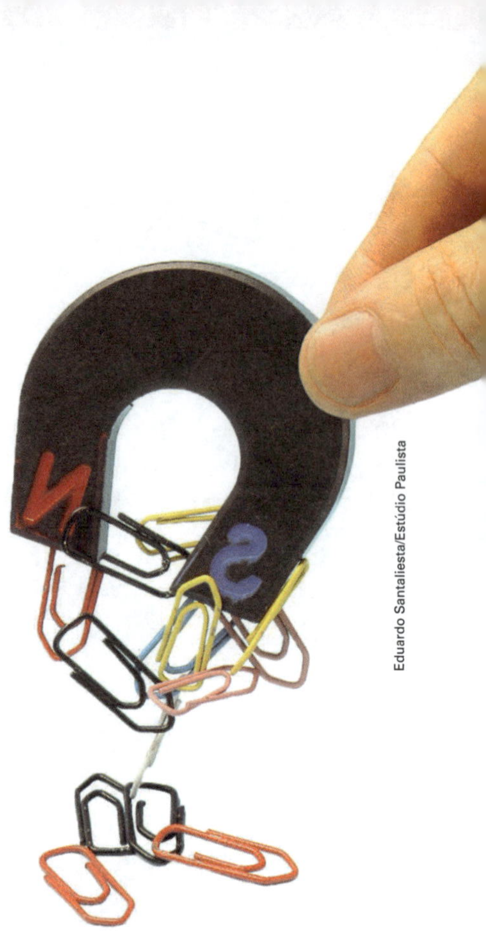
Eduardo Santaliesta/Estúdio Paulista

Benchart/Shutterstock/Glow Images

Aproxime um ímã de pequenos pedaços de palha de aço.

- O que acontece com a palha de aço? Por que você acha que isso acontece?

______________________________________________

______________________________________________

______________________________________________

______________________________________________

O ímã atrai a palha de aço em razão de uma propriedade chamada **magnetismo**.

Sérgio Dotta Jr./Arquivo da editora

## ATRAÇÃO E REPULSÃO

Agora, pegue dois ímãs e aproxime-os. Faça isso com as duas extremidades de cada ímã e veja o que acontece.

Você deve ter observado que há extremidades dos ímãs que se atraem e que se repelem.

Isso ocorre porque os ímãs possuem dois **polos**: polo norte (N) magnético e polo sul (S) magnético. Os polos iguais se repelem e os polos diferentes se atraem.

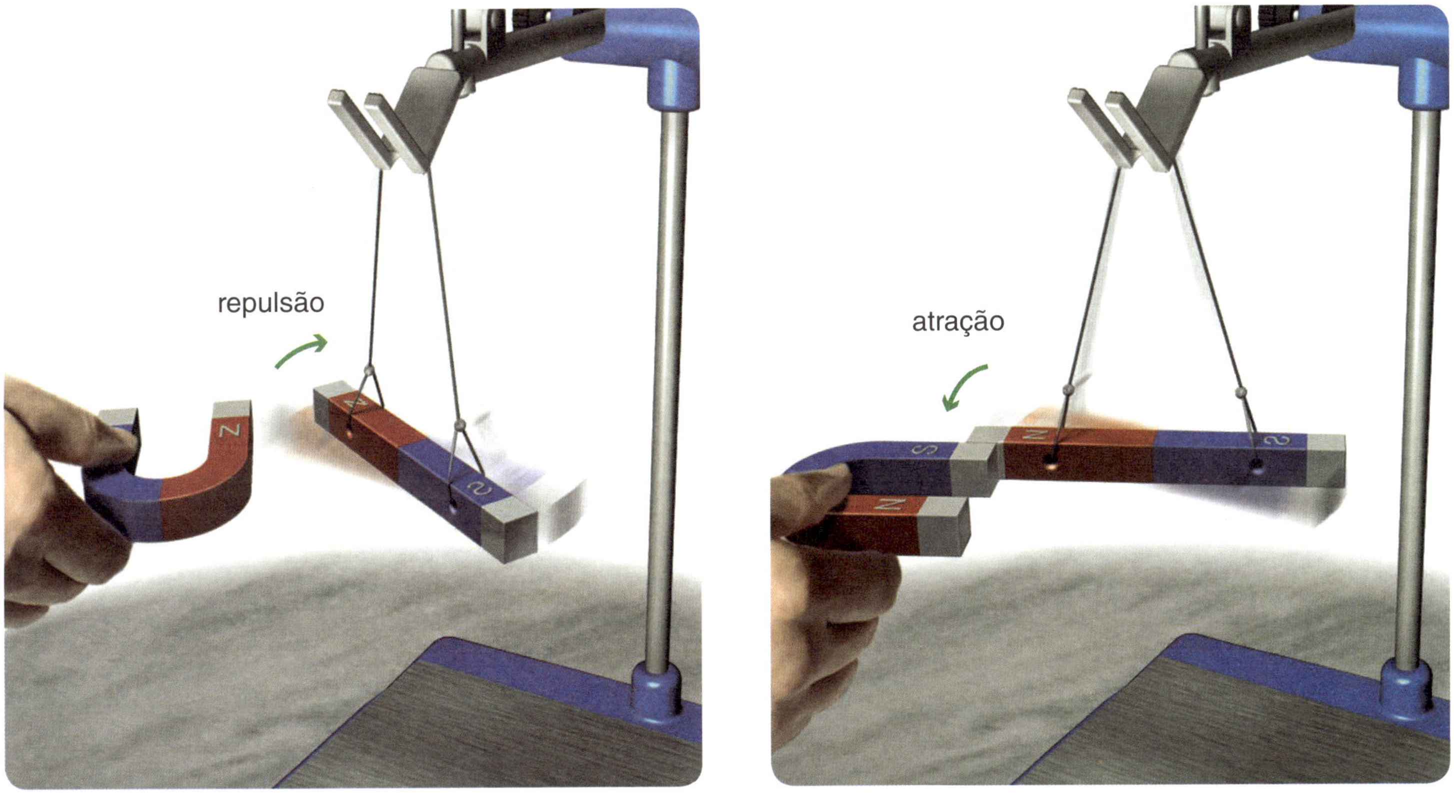


Ilustrações: Antonio Robson/Arquivo da editora

### SEPARANDO OS POLOS

- É possível termos um ímã com um polo?

_______________________________________________

- Se quebrarmos um ímã ao meio, cada pedaço ficará com um polo? Anote sua opinião sobre isso.

_______________________________________________

- Junto ao professor, quebre um ímã comprido em partes menores. Depois, em grupo, discuta com os colegas sobre o que vocês observaram.

# ELETRICIDADE E MAGNETISMO

Execute os experimentos sob supervisão do professor.

Vamos montar um experimento para observarmos outra característica do magnetismo.

Precisamos de um prego grande de ferro, uma palha de aço, uma bateria, uma lixa e um pedaço de fio de cobre envernizado. Tome muito cuidado ao manusear o prego.

Enrolamos o fio de cobre envernizado no prego e lixamos as pontas do fio para retirar o verniz. Em seguida, ligamos as pontas do fio nos polos da bateria e aproximamos da palha de aço.

Chamamos esse conjunto (ferro, fio de cobre e bateria) de **eletroímã**.

Fotos: Sérgio Dotta Jr./Arquivo da editora

Repare no que acontece com a palha de aço ao ser aproximada do prego ligado aos polos da bateria.

A corrente elétrica que passa pelo fio faz com que o prego se comporte como um ímã.

- O que ocorre quando desconectamos uma das pontas do fio da bateria?

______________________________________________

______________________________________________

- Você consegue citar uma vantagem e uma desvantagem do eletroímã em relação a um ímã comum?

______________________________________________

______________________________________________

______________________________________________

______________________________________________

O eletromagnetismo é usado nos motores elétricos de muitos aparelhos que utilizamos em nosso dia a dia, como ventiladores, batedeiras e liquidificadores.

pzAxe/Shutterstock/Glow Images

Steve Bower/Shutterstock/Glow Images

Gjermund Alsos/Shutterstock/Glow Images

Os elementos das imagens não estão representados em proporção entre si.

Outra aplicação muito comum do eletromagnetismo é nos alto-falantes.

Ilustrações: Paulo Manzi/ Arquivo da editora

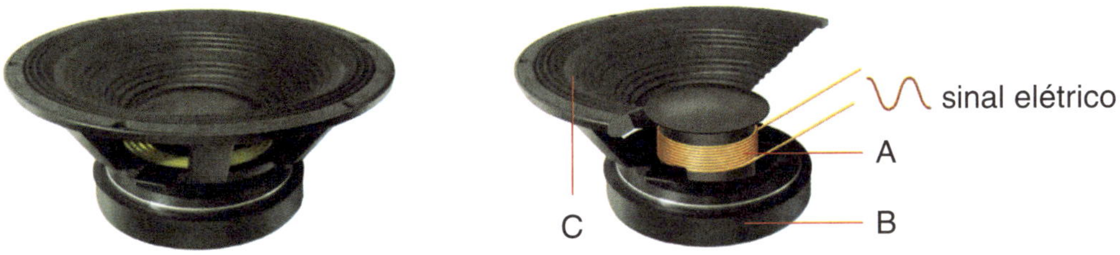


Sinais elétricos passam por uma espiral feita com fio condutor (A) e essa espiral cria um campo magnético de acordo com o sinal elétrico. Como há um ímã fixo (B) próximo, a espiral será então atraída ou repelida, movendo-se para cima e para baixo. Essa movimentação da espiral faz o cone do alto-falante (C) vibrar, produzindo som a partir do sinal elétrico.

## NESTE CAPÍTULO, VOCÊ VIU QUE:

- Alguns objetos sofrem atração ou repulsão em razão de uma propriedade chamada magnetismo.
- Os ímãs possuem dois polos: norte e sul. Os polos iguais se repelem e os polos diferentes se atraem.
- A passagem de corrente elétrica em um fio enrolado a um prego faz com que o prego se comporte como um ímã.

# ATIVIDADES DO CAPÍTULO

**1.** Desenhe setas indicando se cada um dos pares de ímãs abaixo deve se repelir (← →) ou se atrair (→ ←).

a) 

b) 

c) 

d) 

Ilustrações: Banco de imagens/Arquivo da editora

**2.** Usando as palavras abaixo, escreva um texto sobre o que você aprendeu neste capítulo.

polos • ímã • atração • repulsão
norte • magnetismo • sul

3. Faça a seguinte experiência: pegue um ímã e aproxime-o de diferentes objetos, como os indicados abaixo.

Fred Cardoso/Shutterstock/Glow Images

Moedas de diferentes tipos.

Yury Kosourov/Shutterstock/Glow Images

Fios elétricos.

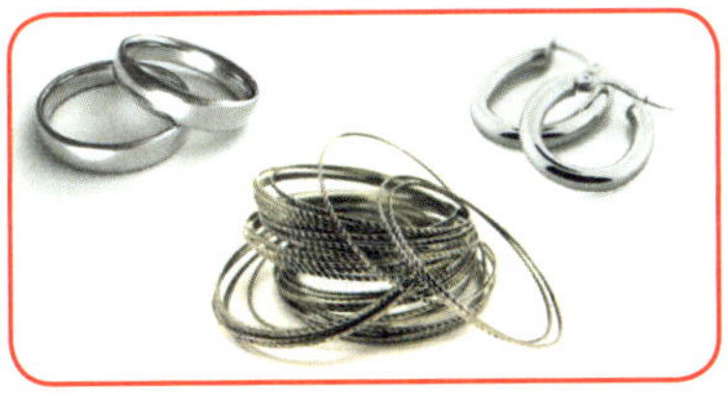
rozdesign /Shutterstock/Glow Images; Mackey Creations/Shutterstock/Glow Images; Rohit Seth/Shutterstock/Glow Images

Anéis, pulseiras e brincos de prata.

vvoe/Shutterstock/Glow Images

Chaves.

Rafa Irusta/Shutterstock/Glow Images

Latas diversas.

Africa Studio/Shutterstock/Glow Images

Latas de refrigerante.

- Procure descobrir qual a composição dos objetos que você testou e complete a tabela abaixo com os resultados observados.

Os elementos das imagens não estão representados em proporção entre si.

| Objeto | Material | Atraído pelo ímã? |
| --- | --- | --- |
| lata de refrigerante | | |
| lata de molho de tomate | | |
| brinco de prata | | |
| fio elétrico | | |
| revestimento do fio elétrico | | |
| moedas | | |
| chaves | | |

4. Agora vamos fazer outra experiência. Será que o magnetismo atravessa os materiais?
   - Coloque alguns clipes de aço sobre um papelão (pode ser sobre a capa do seu caderno).
   - Aproxime um ímã por baixo do papelão e movimente o ímã.
   - O que você observa? Que conclusões você pode tirar?

Estúdio Ornitorrinco/Arquivo da editora

# ENTENDER E PRATICAR CIÊNCIAS

## BÚSSOLA

A bússola é um instrumento usado na orientação espacial. Ela possui uma agulha magnetizada que aponta para o norte.

Vamos construir um modelo de bússola.

### Montagem

**MATERIAL**

- uma agulha (deve ser manuseada apenas pelo professor)
- um ímã
- um pires ou uma placa de Petri
- uma rolha ou um pedaço de isopor

1. O professor deverá esfregar o ímã na agulha, sempre na mesma direção (da ponta para a cabeça, por exemplo). Não se deve fazer o movimento contrário com o ímã, mas sim esfregá-lo sempre no mesmo sentido.

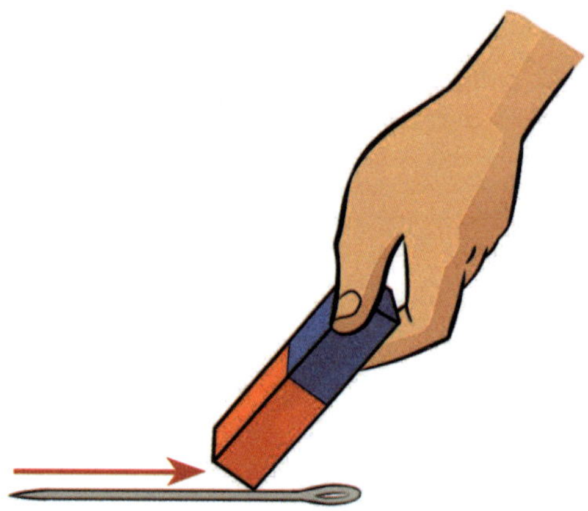

Estúdio Ornitorrinco/Arquivo da editora

2. O professor vai cortar um disco da rolha e espetar a agulha nele, como mostra a imagem ao lado.

Madlen e Swapan Photography/ Shutterstock/Glow Images

3. Em seguida, ele vai colocar o disco da rolha com a agulha sobre a água, de modo que ela possa girar livremente.

Estúdio Ornitorrinco/Arquivo da editora

4. Agora, gire lentamente o pires sobre a mesa. Observe o que acontece, compare com as experiências de seus colegas e, por fim, escreva suas conclusões.

______________________________

______________________________

______________________________

______________________________

______________________________

Ilustra Cartoon/Arquivo da editora

Como você pôde observar, a agulha sempre retorna à mesma posição.

Sabemos que ela aponta sempre na direção norte-sul. Para saber qual é a ponta norte e qual é a ponta sul, podemos usar outra bússola ou observar os pontos cardeais geográficos.

Para isso, temos de observar onde "nasce" o Sol e esticar o braço direito para esse ponto, que é aproximadamente o leste. Então, à nossa frente estará o norte.

Podemos agora pintar a ponta da agulha direcionada para o norte e, daí em diante, nossa bússola poderá ser usada para indicar a direção norte-sul.

- **Sabemos que polos iguais se repelem. Como devem, então, estar organizados os polos magnéticos da Terra? Preencha as lacunas nas imagens.**

Os elementos das imagens não estão representados em proporção entre si.

Antonio Robson/Arquivo da editora

# LER E ENTENDER

O texto que vamos ler faz parte de uma cartilha chamada **Proteção contra raios**.

Cartilha é um livro com explicações fáceis, para que crianças da sua idade possam entender.

A cartilha apresentada aqui foi escrita por pesquisadores do Grupo de Eletricidade Atmosférica, do Instituto Nacional de Pesquisas Espaciais (Inpe).

Por que pesquisadores de um instituto de pesquisas espaciais iriam escrever uma cartilha sobre proteção contra raios? Cientistas têm de se preocupar com essas coisas?

## O que é um raio e como ele se forma?

O raio é uma descarga elétrica de grande intensidade que ocorre na atmosfera. A intensidade típica de um raio é de 30 mil ampères, cerca de mil vezes a intensidade de um chuveiro elétrico.

Ele se forma dentro das nuvens de tempestade ou nuvens cúmulos-nimbos, a partir das cargas elétricas geradas pelo choque de partículas de gelo dentro dessas nuvens. Quando essas cargas atingem certa quantidade, surge uma faísca que dá início a um raio. À medida que essa faísca se aproxima do solo, inicia-se uma descarga do solo para a nuvem, principalmente em objetos salientes e pontiagudos, ou ainda em pontos com maior condutividade elétrica (em geral, objetos metálicos).

Quando as duas se unem, acontece o raio. Descargas atmosféricas podem ainda ocorrer no interior de uma nuvem, ou entre duas nuvens, ou de uma nuvem para o ar. Em geral, quando os raios acontecem, provocam um clarão e, em seguida, um barulho chamado trovão, devido ao deslocamento de ar.

Imaginário Stúdio/Arquivo da editora

Grupo de Eletricidade Atmosférica (Elat) do Instituto Nacional de Pesquisas Espaciais (Inpe). Proteção contra raios. Disponível em: <www.inpe.br/ensino_documentacao/difusao_conhecimento/cartilhas_didaticas.php>. Acesso em: 20 jan. 2016.

## ANALISE

**1.** No texto, cada parágrafo traz um tipo de informação. Escreva com poucas palavras qual é a informação dada:

a) no primeiro parágrafo:

______________________________

b) no segundo parágrafo:

______________________________

c) no terceiro parágrafo:

______________________________

**2.** No primeiro parágrafo, lemos: "A intensidade típica de um raio é de 30 mil ampères [...]". Por essa, frase podemos entender que:

- [ ] um raio sempre tem uma intensidade de 30 mil ampères.
- [ ] um raio, em geral, tem uma intensidade de 30 mil ampères.
- [ ] é raro a intensidade de um raio alcançar 30 mil ampères.

## RELACIONE

**3.** Pelo texto, ficamos sabendo que as descargas do solo para a nuvem acontecem em pontos de maior condutividade elétrica.

Lembre-se do que você estudou sobre eletricidade. Numa folha à parte, escreva três recomendações para as pessoas se protegerem contra raios.

Dê um título ao texto. Se quiser, ilustre o texto com desenhos ou fotos.

Exponha sua produção em um painel na sala de aula.

**4.** Agora, em dupla, respondam: na opinião de vocês, quem são as pessoas mais indicadas para dar orientações importantes?

______________________________

______________________________

# O QUE APRENDI?

1. Releia as questões da abertura da Unidade na página 95. Como você as responderia agora, após ter conhecido mais sobre energia, eletricidade e magnetismo?

   a) De onde vem a energia elétrica que faz os aparelhos elétricos funcionarem?

   b) Como a energia elétrica chega até nossas casas?

2. A fotografia a seguir mostra um tipo de guindaste erguendo um monte de sucata. Esse guindaste, no entanto, não possui garras para segurar a sucata.

   - Como você acha que o guindaste consegue levantar a sucata?

   - Esse mesmo guindaste conseguiria levantar um amontoado de papelão ou de plástico? Por quê?

dvande /Shutterstock/Glow Images

3. Em uma usina hidrelétrica a água dos rios é utilizada para mover turbinas e o gerador. Indique a transformação de energia que ocorre dentro da usina hidrelétrica.

_______________________________________________

_______________________________________________

_______________________________________________

4. Leia as afirmativas e indique com a letra **V** as verdadeiras e com **F** as falsas. Nas linhas abaixo, corrija as afirmações falsas.

- [ ] Se um ímã for quebrado em vários pedaços, cada pedaço terá um polo magnético sul e um polo magnético norte.
- [ ] Quando dois ímãs são colocados próximos um do outro, eles podem se atrair ou se repelir.
- [ ] A repulsão ocorre quando dois polos diferentes são aproximados.

_______________________________________________

_______________________________________________

5. Este é o momento de pensar no que você aprendeu nesta Unidade. Indique com um **X** na tabela.

| Conteúdos estudados | Compreendi este conteúdo | Fiquei com algumas dúvidas e preciso retomar | Não compreendi e preciso retomar |
|---|---|---|---|
| Capítulo 7<br>Energia e recursos energéticos | | | |
| Capítulo 8<br>Eletricidade | | | |
| Capítulo 9<br>Magnetismo | | | |

Converse com os colegas e o professor para entender melhor o seu aproveitamento e, assim, iniciar o estudo da próxima Unidade.

UNIDADE 4

# CIÊNCIA E TECNOLOGIA

Divulgação/Fox Animation

- O que é preciso estudar para construir um robô?
- Em que situações os robôs são utilizados hoje em dia?
- Cite algumas consequências positivas e negativas do uso intenso de tecnologias.

CAPÍTULO 10

# DESENVOLVIMENTO TECNOLÓGICO E CIENTÍFICO

## O QUE É TECNOLOGIA?

Os elementos das imagens não estão representados em proporção entre si.

No século XVI, o cientista inglês Robert Hooke observou pedaços de cortiça utilizando um microscópio composto de algumas lentes associadas dentro de um tubo de metal. Esse cientista descreveu pequenas cavidades nos pedaços de cortiça e as chamou de **células**.

**cortiça:** material retirado da casca de árvores.

Já no século XIX, o cientista escocês Robert Brown observou uma região que se diferenciava dentro das células. Ele chamou essa região de **núcleo**. Um pouco mais tarde, no mesmo século, o cientista alemão Theodor Schwann propôs a ideia de que todos os seres vivos são formados por células.

Dr. Cecil H. Fox/Photo Researchers, Inc./Latinstock

Bettmann/Corbis/Latinstock

Microscópio utilizado por Robert Hooke e ilustração feita por ele de um pedaço de cortiça ampliado pelo instrumento.

A partir daí, estudos levaram à conclusão de que as células são as unidades básicas da vida e que muitas doenças são causadas por problemas nas células.

- **Que inovação tecnológica citada acima possibilitou todas as descobertas descritas?**

______________________________________________

______________________________________________

______________________________________________

______________________________________________

## A TECNOLOGIA DESDE O INÍCIO DA HISTÓRIA HUMANA

A tecnologia faz parte da natureza do ser humano e o acompanha desde que ele se tornou capaz de registrar e transmitir o conhecimento.

O ser humano cria, desde o início de sua história, ferramentas para auxiliá-lo a resolver problemas.

Um dos problemas principais que os seres humanos enfrentavam, no início, era a obtenção de alimento. Assim, para caçar e preparar os alimentos, eram feitas pontas de flechas e outras ferramentas de pedra lascada.

John Reader/Science Photo Library

Os elementos das imagens não estão representados em proporção entre si.

Christian Jegou/Science Photo Library

Representação artística de ser humano do período inicial de sua história utilizando materiais do ambiente para produzir ferramentas e fogo.

Alguns dos outros problemas que os seres humanos tiveram de resolver ao longo da História foram a locomoção por grandes distâncias, a comunicação e a proteção contra o frio.

- Quais inovações tecnológicas ajudaram a solucionar esses problemas?

________________________________________

________________________________________

- Você acha que a tecnologia traz só benefícios para o ser humano? Comente.

## INOVAÇÕES TECNOLÓGICAS

A tecnologia e os usos que fazemos dela são constantemente modificados e adaptados às nossas necessidades.

- **Pense nos equipamentos que você usava quando entrou na escola, como um computador ou uma televisão, por exemplo, e pergunte a um colega:**

  a) Você continua usando esses mesmos equipamentos? Ou agora você usa equipamentos mais modernos?

  ______________________________________________

  ______________________________________________

  b) Você sabe para onde vão os equipamentos que você não usa mais?

  ______________________________________________

  ______________________________________________

  ______________________________________________

Novas tecnologias se inspiram em tecnologias anteriores. Por exemplo, a vontade de registrar fatos levou o ser humano a usar carvão para fazer desenhos nas cavernas. Depois veio o lápis, diferentes tipos de caneta, a máquina de escrever... Hoje podemos criar textos, vídeos e imagens no computador ou no *tablet*.

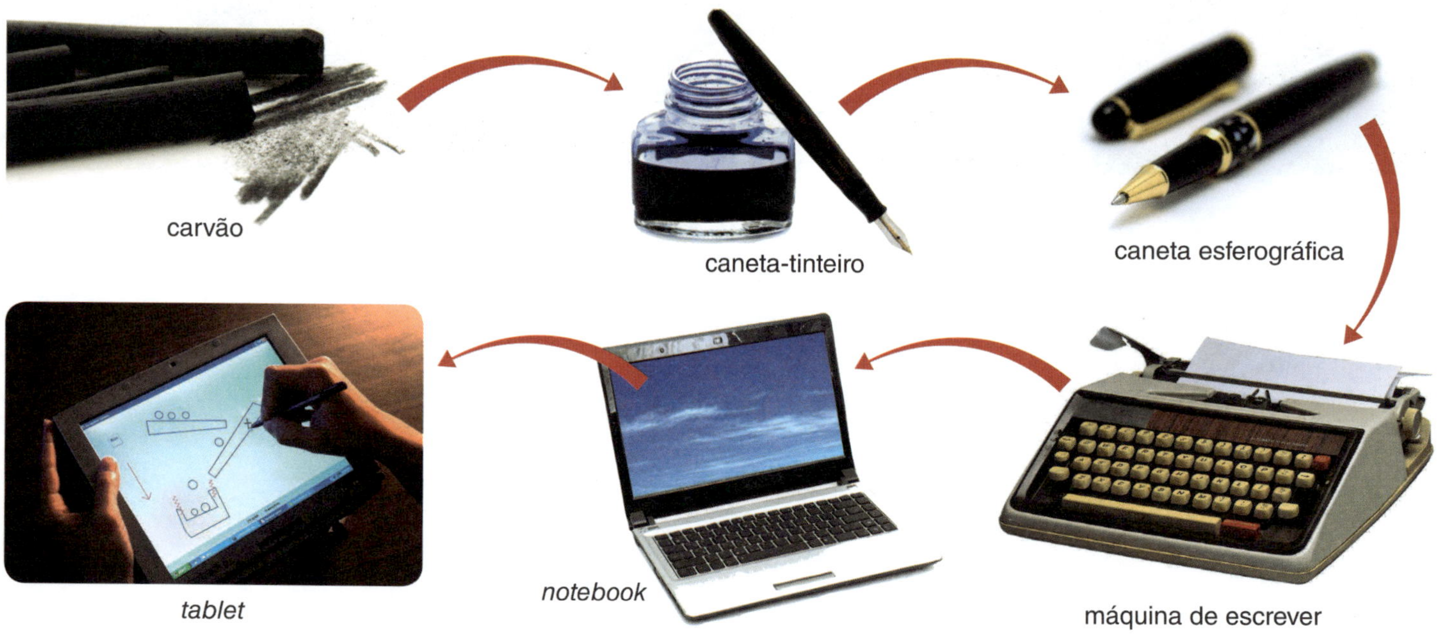


Fotos: [1] Value Stock Images/Glow Images; [2] lee avision/Alamy/Glow Images; [3] Rafael Ben-Ari/Chameleons Eye/Glow Images; [4] Sam Ogden/SPL/Latinstock; [5] Nata-Lia/Shutterstock/Glow Images; [6] Howard Kingsnorth The Image Bank/Getty Images

Tudo ao seu redor é produto da tecnologia!

Os produtos e as invenções recentes passam por um longo processo de modificação. A produção rápida de muitas tecnologias pode criar problemas ambientais, como a produção excessiva de lixo. Por isso, os objetos velhos devem ser sempre descartados em locais apropriados para reduzir o impacto que provocam no meio ambiente.

Além disso, é preciso extrair recursos da natureza para usar na indústria. Para a extração de materiais da natureza, muitas vezes são usados combustíveis que poluem o ar, além de outras substâncias que destroem o solo e contaminam as águas dos rios e dos mares.

Matyas Rehak/Shutterstock/Glow Images

Philippe Psaila/Science Photo Library/Latinstock

Os elementos das imagens não estão representados em proporção entre si.

Todo ano, milhões de celulares são descartados. As baterias de telefone celular em geral utilizam lítio, um mineral que é extraído da natureza. Na imagem da direita vemos uma área de mineração de lítio.

Assim, o desenvolvimento tecnológico não deve apenas visar à sobrevivência e ao conforto do ser humano. Devemos também criar tecnologias que produzam menos lixo e usem menos recursos naturais, ajudando a preservar o meio ambiente.

Rainer Hackenberg/AKG-images/Latinstock.

Painéis para captação da energia solar: uma alternativa tecnológica e sustentável para geração de energia elétrica.

## INSTRUMENTOS DE OBSERVAÇÃO E PESQUISA

Como vimos, a ciência e a tecnologia estão muito ligadas. As pesquisas científicas muitas vezes dão origem a novas tecnologias. Ao mesmo tempo, diversos equipamentos tecnológicos são usados na produção científica.

Sami Sarkis/Photographer's Choice/Getty Images

A lupa é utilizada para observação de animais e plantas, por exemplo.

Para observar e explorar os seres vivos pequenos, como os insetos, usamos **lupas**, e para estudar partes dos seres vivos, como células e tecidos humanos, usamos **microscópios**.

Podemos usar **máquinas fotográficas** com lentes de grande aumento para observar e registrar seres vivos que estão a alguns metros de distância, como as aves. Podemos usá-las também para observar mamíferos grandes, como a onça-pintada, a distância, pois não é seguro chegar perto desses animais.

Outro equipamento que pode ser usado para a observação de animais maiores e do comportamento deles é o **binóculo**. Com esse equipamento, é possível ver objetos que estão a quilômetros de distância.

soft_light/Shutterstock/Glow Images

Pesquisadora observa animais com o uso de binóculo.

Já para a observação do espaço, contamos com instrumentos que estão sendo cada vez mais aperfeiçoados pelos cientistas.

Podemos usar **telescópios** enormes para observar os astros no céu.

Temos ainda **satélites artificiais**, que foram colocados em órbita ao redor da Terra. Alguns deles produzem imagens de fora do planeta Terra e outros permitem a transmissão de sinais de rádio, televisão e telefone.

Nasa/Esa/Stsci/R.Bebee. New Mexico State U./Spl/Latinstock

O planeta Saturno observado através de um telescópio no Havaí, nos Estados Unidos.

Reprodução/NASA

Representação artística de um satélite.

Existem também **naves espaciais**, que são lançadas no espaço. Algumas delas levam astronautas que fazem experimentos e observações fora da Terra. Para que os astronautas possam ficar mais tempo no espaço, foram construídas algumas **estações espaciais**, onde eles podem fazer pesquisas mais longas.

Luis Moura/Folhapress

Observatório em Atibaia (SP), 2013. Nos observatórios há telescópios com os quais podemos observar planetas distantes.

Os elementos das imagens não estão representados em proporção entre si.

## O CIENTISTA

O trabalho do cientista é principalmente fazer pesquisa. Os cientistas criam perguntas para entender o mundo e passam a vida procurando por respostas, ou por mais perguntas.

Como resultado, o cientista muitas vezes descobre coisas novas e, sobretudo, adquire conhecimento.

O início da pesquisa é sempre uma pergunta. A partir dessa pergunta, o cientista propõe uma hipótese para responder a essa questão. Só aí ele começa a tentar descobrir se sua hipótese é verdadeira ou não.

Existem muitos métodos que os cientistas podem utilizar para confirmar ou para rejeitar suas hipóteses. Veja a seguir alguns deles.

David R. Frazier/Photolibrary/Latinstock

**Fazer pesquisas bibliográficas**: buscar a resposta em livros e em artigos científicos, que são resultado de pesquisas de outras pessoas. Muitas vezes, ler o que outras pessoas escreveram nos ajuda a fazer novas descobertas.

**Fazer pesquisa documental**: investigar em tabelas estatísticas, revistas científicas, depoimentos orais e escritos, entre outros documentos históricos que servem de informações para confirmar se sua hipótese está correta.

Fancy/Other Images

Warren Goldswain/Shutterstock/Glow Images

**Fazer pesquisa de observação**: quando o cientista observa fenômenos, como o comportamento de um animal, o movimento das estrelas ou a reação das pessoas, está fazendo uma pesquisa de observação.

**Fazer pesquisa laboratorial**: quando o cientista trabalha em um laboratório, ele monta experimentos que requerem instrumentos e métodos. Muitas vezes, as pesquisas laboratoriais fazem uma simulação das condições naturais de observação.

Gusto Images/SPL/Latinstock

**simulação:** teste ou experiência em que se reproduz artificialmente uma situação real.

**Fazer entrevistas**: neste caso, o cientista prepara várias questões e as apresenta para algumas pessoas. Essa pesquisa serve tanto para tirar dúvidas e ampliar o conhecimento do pesquisador, como para saber a opinião das pessoas sobre algum assunto.

## NESTE CAPÍTULO, VOCÊ VIU QUE:

- A tecnologia faz parte da natureza do ser humano e sempre muda para atender às suas necessidades.
- O uso da tecnologia consome muitos recursos do ambiente, causando sérios impactos. Assim, é preciso usar a tecnologia também para proteger o meio ambiente.
- Instrumentos de observação diferentes são usados pela ciência em diversas situações.
- O trabalho do cientista é principalmente fazer pesquisa.

# ATIVIDADES DO CAPÍTULO

**1.** Considere a afirmação:

> A tecnologia é uma invenção moderna, desenvolvida pelo ser humano há apenas algumas décadas.

Você concorda com ela? Justifique sua resposta.

______________________________________________

______________________________________________

______________________________________________

______________________________________________

______________________________________________

**2.** Observe a sua sala de aula e escolha um objeto. Pesquise como esse objeto é feito e se ele mudou muito desde que foi inventado.

Desenhe abaixo como é esse objeto hoje em dia e como você acha que ele pode ser no futuro.

**3.** Observe a foto ao lado.

O desenvolvimento tecnológico é prejudicial ao meio ambiente.

Luciana Whitaker/Pulsar Images

Lixo na beira de riacho em Magé, no Rio de Janeiro.

a) Qual a relação dessa frase com a imagem ao lado? Quais são os resíduos resultantes de inovações tecnológicas?

b) Você concorda com a frase enunciada? Justifique.

c) Como você pode contribuir para a diminuição da quantidade de lixo produzido e para a destinação adequada desse lixo?

**4.** Numere as etapas do trabalho de pesquisa de um cientista de acordo com a ordem em que são realizadas.

- [ ] Teste de hipótese/experimento
- [ ] Análise dos resultados
- [ ] Levantamento de hipóteses
- [ ] Formulação de uma pergunta

# ENTENDER E PRATICAR CIÊNCIAS

## O MÉTODO CIENTÍFICO

"Por que tal coisa acontece de tal jeito?" Você já deve ter tido muitas dúvidas desse tipo, não? Forme um grupo de quatro alunos e conte para seus colegas suas dúvidas.

Juntos, vocês devem escolher uma pergunta para ser pesquisada por todos.

1. Qual foi a pergunta escolhida por vocês?

_______________________________________________

2. Pensem em hipóteses para responder à pergunta que vocês fizeram. Escrevam pelo menos três hipóteses sobre o assunto que será pesquisado.

_______________________________________________

_______________________________________________

_______________________________________________

3. Depois, pensem em formas de descobrir a resposta dessa pergunta. Formulem métodos para tentar descobrir se as hipóteses podem ou não ser verdadeiras.

_______________________________________________

_______________________________________________

_______________________________________________

4. Façam um desenho do experimento, ou da forma de observação que será utilizada.

5. Coloquem a pesquisa em prática e escrevam abaixo os resultados que encontraram.

6. Por fim, a que conclusão vocês chegaram em relação às hipóteses? Vocês conseguiram responder à pergunta inicial?

Simone Ziasch/Arquivo da editora

CAPÍTULO

# 11 SAÚDE E TECNOLOGIA

## AVANÇOS DA MEDICINA

- Você já foi a uma consulta médica? Quais equipamentos o médico utilizou para fazer o atendimento?

Jose Luis Pelaez Inc/Blend/Glow Images

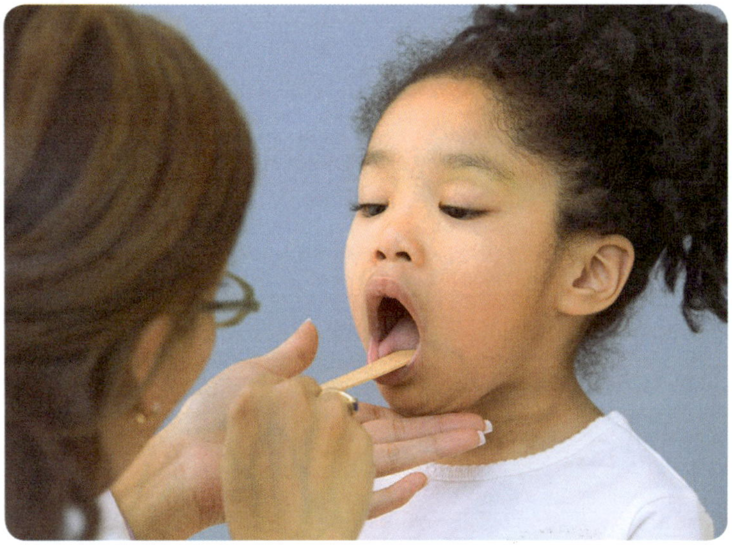

Médica realiza exame clínico em criança.

Durante muitos anos, os médicos contavam apenas com os exames clínicos, ou seja, exames simples feitos no próprio consultório. Fazendo esses exames, eles tentavam identificar e tratar doenças.

No final do século XIX, com a descoberta dos raios X, a Medicina passou a contar com a possibilidade de observar os ossos de uma pessoa viva, sem fazer cirugia. Com imagens obtidas por raios X é possível saber se os ossos estão quebrados ou fora do lugar. Sabendo disso, o médico pode prescrever o melhor tratamento ao paciente.

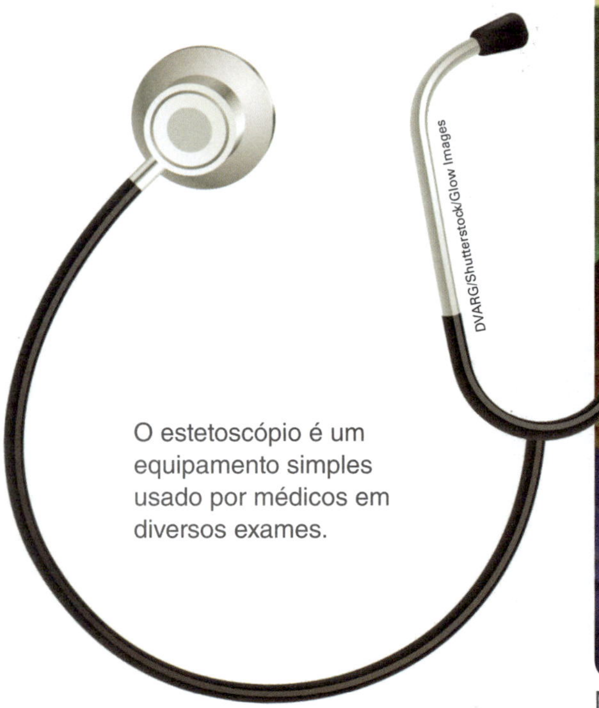

DVARG/Shutterstock/Glow Images

O estetoscópio é um equipamento simples usado por médicos em diversos exames.

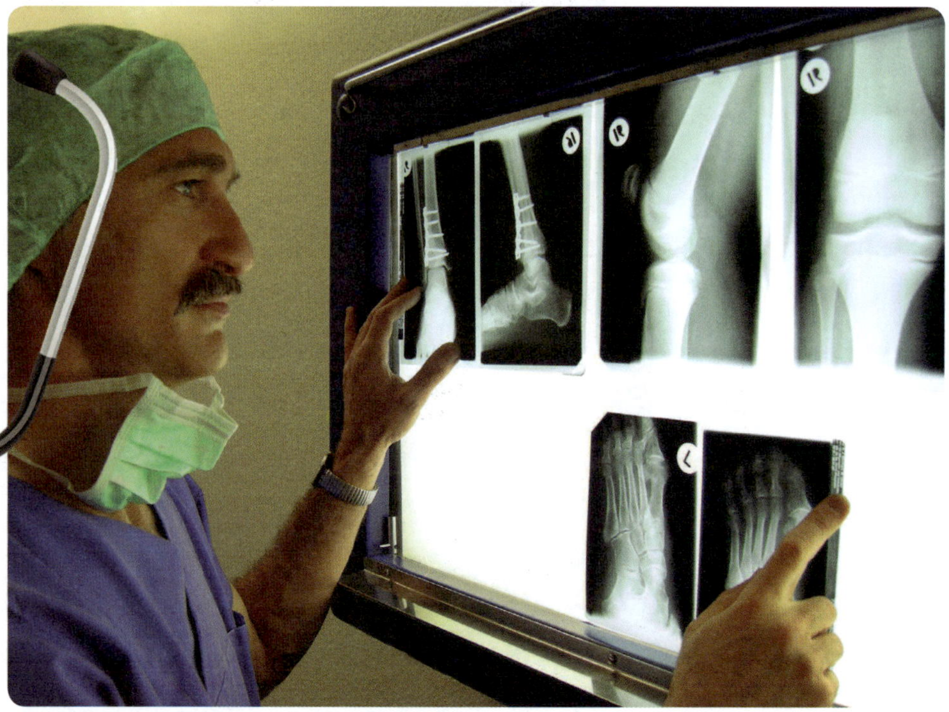

Per-Andre Hoffmann/Picture Press/Latinstock

Médico analisa imagens de raios X.

E a descoberta dos raios X foi apenas o começo. O avanço da ciência e da tecnologia levou a um grande avanço na Medicina. Veja abaixo alguns dos mais novos recursos da Medicina.

**Tomografia computadorizada**: o paciente fica em uma máquina que gera imagens de seus órgãos internos. Essas imagens são geradas por computador.

**Fecundação em laboratório (*in vitro*)**: é feita a junção das células reprodutivas feminina e masculina. Quando essas células se encontram, ocorre a fecundação. É assim que se forma o embrião, que é transferido para o útero da mãe. Isso ajuda casais que não conseguem ter filhos naturalmente.

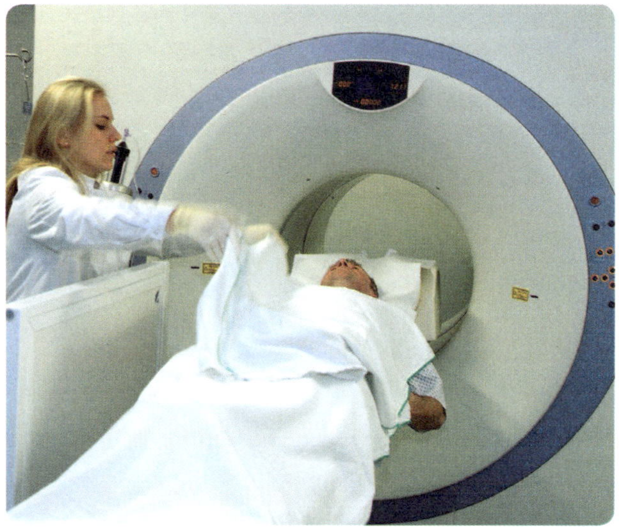

doc-stock RM/F1online/Glow Images

Tomografia computadorizada.

Os elementos das imagens não estão representados em proporção entre si.

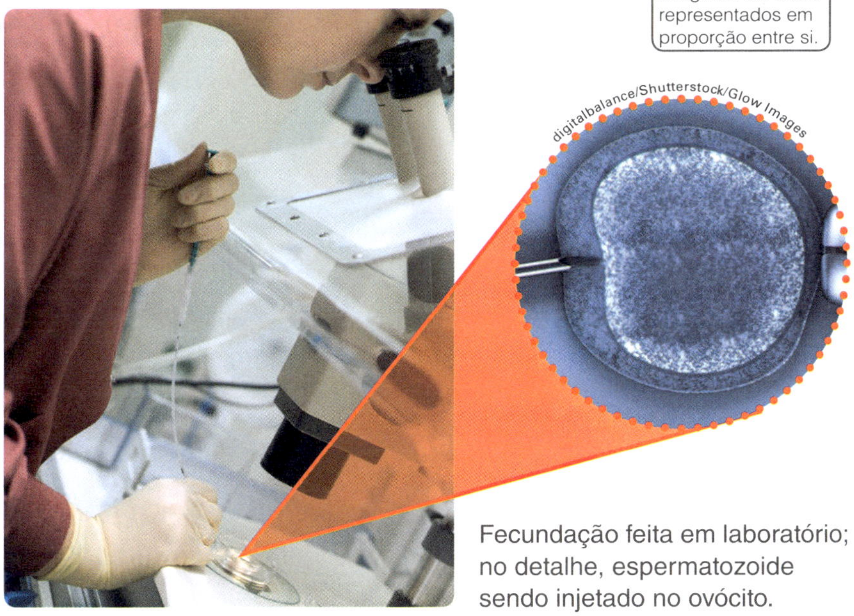


Monkey Business/Shutterstock/Glow Images

Fecundação feita em laboratório; no detalhe, espermatozoide sendo injetado no ovócito.

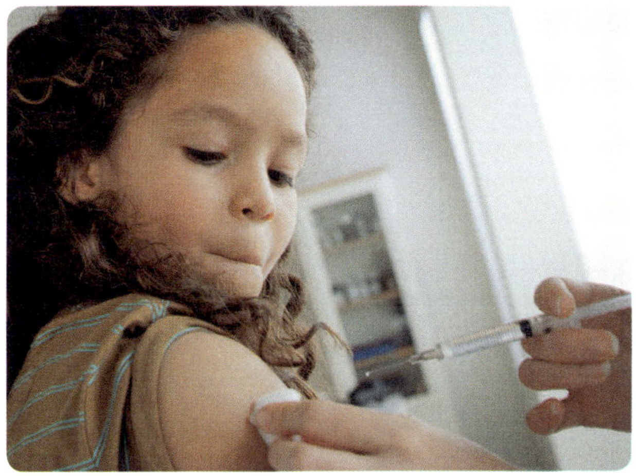

Rob Lewine/Tetra/Glow Images

Aplicação de vacina.

**Transplante de órgãos**: técnica que permite usar órgão ou tecido de uma pessoa (doador) em outra. A doação de órgãos pode salvar muitas vidas porque reaproveita tecidos ou órgãos inteiros em pessoas com algumas doenças.

**Vacinação**: são fabricadas com vírus ou bactérias atenuados (que não causam a doença) ou mortos. As vacinas ativam o sistema imunológico, dando ao organismo **imunização** contra certas doenças.

- Agora pense e responda: qual você acha que é a influência da tecnologia na nossa saúde?
- Converse com seus colegas e, no caderno, façam uma lista de itens tecnológicos usados na Medicina.

# ULTRASSONOGRAFIA

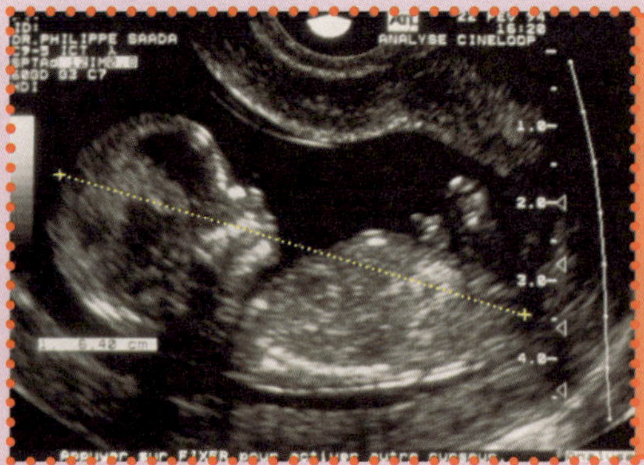

P. Saada/Eurelios/Science Photo Library/Latinstock

O exame de ultrassom é bem comum durante a gravidez. Com ele pode-se acompanhar a saúde e o desenvolvimento do bebê. Na imagem acima, é possível ver uma linha pontilhada (amarela) usada para medir o comprimento do bebê.

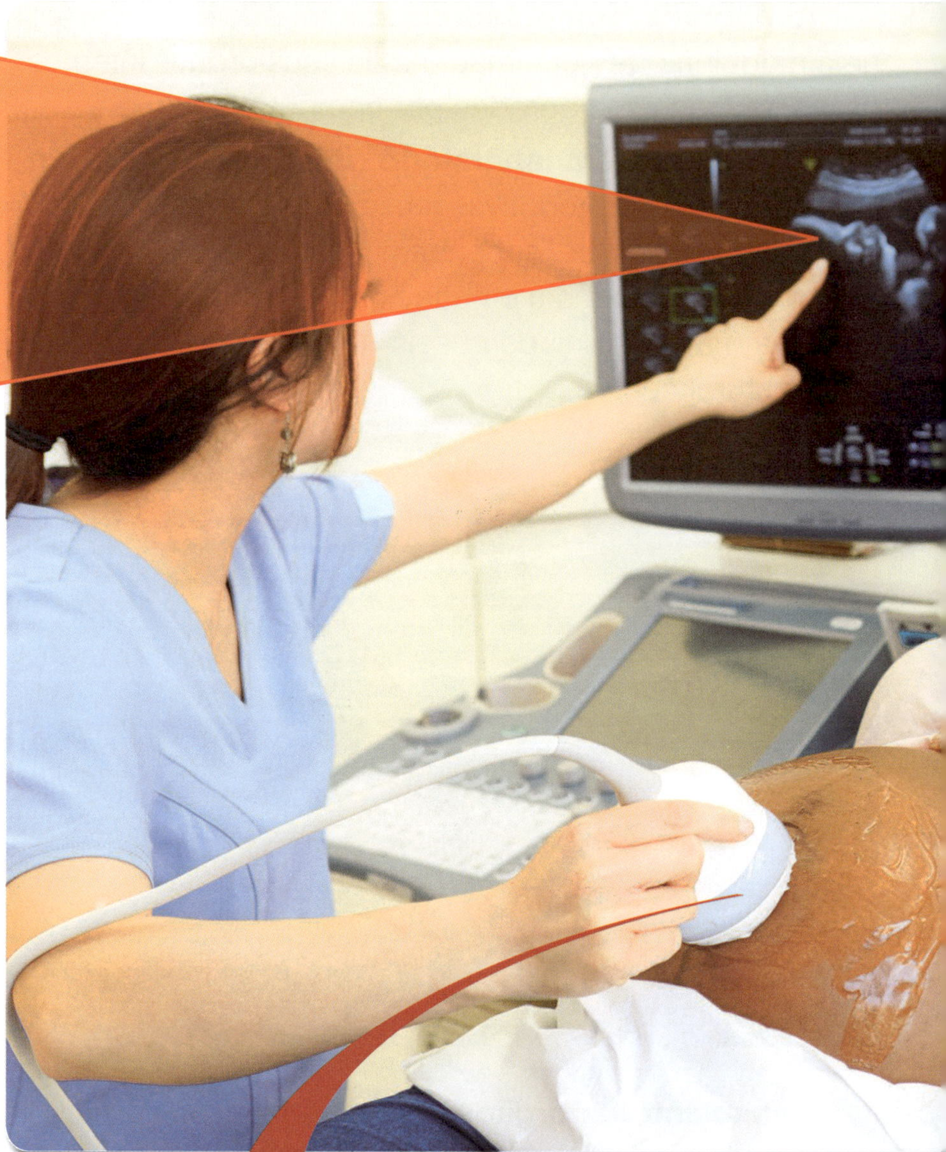

O funcionamento do ultrassom é baseado em algo que você provavelmente já conhece: o **eco**. Você já ouviu algum eco? Em que situação? Conte para seus colegas suas experiências.

As ondas emitidas pela sonda do aparelho de ultrassom podem ser ou não refletidas quando encontram um obstáculo. No corpo humano, tecidos ou substâncias diferentes reagem de forma diferente ao ultrassom:

- o ar (como no pulmão) e o sangue, por exemplo, deixam as ondas passar e não as refletem de volta, deixando a imagem preta;
- o fígado e os músculos são exemplos de órgãos que refletem parte das ondas de ultrassom, aparecendo em cinza;
- os ossos refletem bastante as ondas e não as deixam passar, portanto sua superfície aparece em branco, mas seu interior aparece em preto (também não é possível ver o que está atrás de um osso).

Monkey Business Images/Shutterstock/Glow Images

Ilustrações: Mauro Nakata/Arquivo da editora

O aparelho de ultrassom emite sons que não ouvimos, pois são de frequência muito alta, ou seja, são sons muito agudos.
No entanto, há alguns animais que podem emitir e ouvir ultrassons. Alguns desses animais, inclusive, possuem um sistema de **ecolocalização**.
O morcego e o golfinho, por exemplo, emitem um som e, dependendo do que ouvem de volta, conseguem saber se há um obstáculo ou alguma presa à sua frente.

Ilustrações: Mauro Nakata/Arquivo da editora

O **sonar** é um instrumento presente em navios e submarinos que também funciona dessa forma: emite um ultrassom e analisa seu eco para saber se há obstáculos à frente ou abaixo.
O aparelho de ultrassonografia faz o mesmo.

## INVENÇÕES NA ÁREA DA SAÚDE

Serhiy Kobyakov/Alamy/Glow

No Egito antigo já se usavam pedaços de vidro como lentes para conseguir ver coisas pequenas. Ao longo dos anos, muitas pesquisas foram feitas. Hoje em dia, existem equipamentos que ajudam médicos especializados em olhos (oftalmologistas) a medir exatamente as dificuldades que uma pessoa tem para enxergar.

Free Imagination/F1online/Glow Images

Dependendo do tipo de deficiência visual que a pessoa apresenta, ela pode usar **óculos** ou **lentes de contato** para corrigir seu problema de visão. Há até cirurgias para casos mais graves.

Também graças às invenções da Medicina, pessoas com dificuldades de locomoção podem usar **cadeiras de rodas** ou **próteses** para se locomover.

Atletas em jogos Paralímpicos em Londres, na Inglaterra, em 2012.

Mark Davidson/Alamy/Glow Images

Pessoas com problemas de audição podem usar **aparelhos auditivos** que amplificam os sons. Assim, fica mais fácil para elas conversarem, escutarem músicas e sons do ambiente.

- **Você conhece alguém que utiliza invenções da Medicina? Qual a importância dessas invenções?**

Além de melhorar muito a qualidade de vida das pessoas, os avanços da Medicina ajudam a prolongar a vida da população. No gráfico a seguir, você pode observar como a expectativa de vida no Brasil mudou ao longo tempo: em 1900, a expectativa era que as pessoas vivessem 33 anos; em 2012, essa expectativa chegou a quase 75 anos.

Christopher Futcher/E+/Getty Images

Menino de 9 anos utilizando aparelho auditivo.

**expectativa de vida:** média de quanto os indivíduos de uma população vivem.

**Brasil: expectativa de vida (1900-2012)**

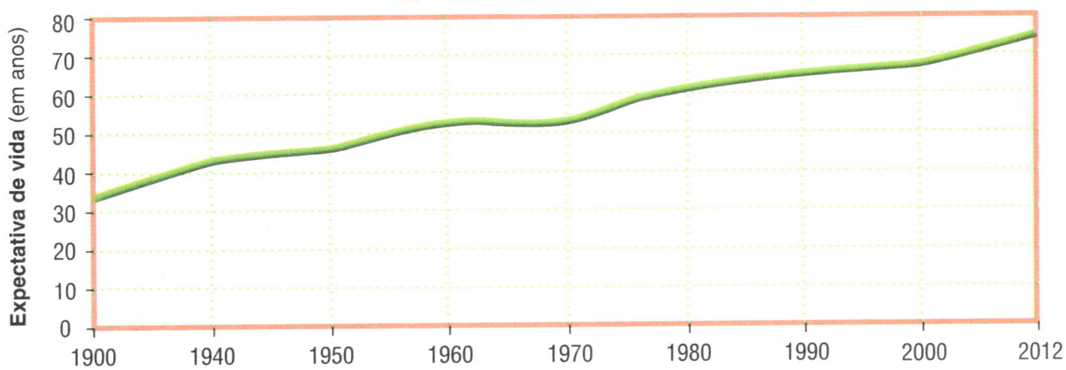


Elaborado com base em dados de: Estatísticas do século XX. Rio de Janeiro, 2006. p. 38. Disponível em: <http://seculoxx.ibge.gov.br/images/seculoxx/seculoxx.pdf>; VERGARA, Rodrigo. Envelhecimento, corrida contra o tempo. *Superinteressante*, ago. 2002. Disponível em: <http://super.abril.com.br/saude/envelhecimento-corrida-tempo-443277.shtml>; Síntese de Indicadores Sociais 2013. Rio de Janeiro: IBGE, 2013. Disponível em: <www.ibge.gov.br/home/estatistica/populacao/condicaodevida/indicadoresminimos/sinteseindicsociais2013>. Acessos em: 28 fev. 2016.

Thanasis Zovoilis/Flickr/Getty Images

A expectativa de vida e a população de idosos aumentaram no Brasil.

## TECNOLOGIA A SERVIÇO DA ALIMENTAÇÃO

**deteriorar:** estragar.
**embalagem a vácuo:** embalagem de onde foi retirado o ar.

A tecnologia dos alimentos procura transformá-los, para que eles possam ser mantidos por mais tempo no comércio e em nossa casa. Essa tecnologia permite que os alimentos possam chegar a um número maior de pessoas sem que eles se deteriorem.

Também há alimentos que são transformados para ficarem mais gostosos, como muitos doces e sorvetes, além de salgadinhos e balas. Esses alimentos muito modificados recebem grande quantidade de substâncias químicas que podem ser prejudiciais ao organismo. Além disso, eles perdem seu valor nutritivo original.

Existem várias técnicas para conservar os alimentos.

### MUDANÇA DE TEMPERATURA

A fervura usa altas temperaturas para matar microrganismos. Também é possível congelar ou resfriar os alimentos para evitar que microrganismos se reproduzam. Em baixas temperaturas o crescimento de microrganismos é menor.

Ppart/Shutterstock

Alimentos guardados na geladeira são conservados em bom estado por mais tempo.

### DESIDRATAÇÃO

Com a desidratação de frutas ou carnes, por exemplo, retira-se a umidade do alimento, dificultando a sobrevivência de microrganismos.

### USO DE LATAS OU OUTRAS EMBALAGENS

Outra forma de manter os alimentos por mais tempo é colocá-los em embalagens a vácuo, como pacotes plásticos ou latas. Assim, sem ar, a maioria dos micróbios não sobrevive.

Nos enlatados, os alimentos podem ser conservados em água com sal, açúcar, óleo, etc. As latas fechadas são expostas a altas temperaturas, para matar os microrganismos contidos ali.

O inconveniente é que alguns nutrientes são perdidos com as altas temperaturas.

- Você come alimentos industrializados?
- Cite cinco alimentos que você ingere e que foram transformados ou industrializados.

________________________________________________

- Por que, nos dias atuais, consumimos tantos alimentos transformados?
- Há desvantagens no consumo desses alimentos em relação aos alimentos naturais que não passaram por transformações?

________________________________________________

- Observe as imagens abaixo. Em relação ao recurso que foi retirado da natureza, você acha que os alimentos das imagens:

  **1** não sofreram transformações.

  **2** sofreram poucas transformações.

  **3** sofreram grandes transformações.

  Numere as imagens de acordo com a sua opinião e a dos colegas de classe.

Lisa F. Young/Shutterstock/Glow Images

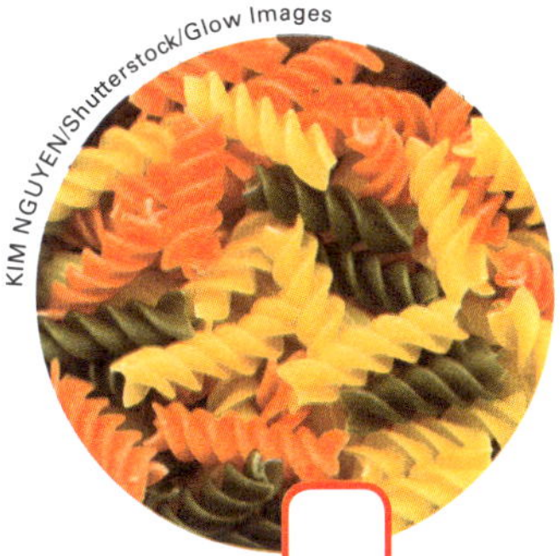

KIM NGUYEN/Shutterstock/Glow Images

Value Stock Images/Glow Images

Gossip/Shutterstock/Glow Images

Finley, Mark O/Stock Food/Latinstock

## NESTE CAPÍTULO, VOCÊ VIU QUE:

- Com os avanços da Medicina, foram criados novos equipamentos que ajudam os médicos a identificar e tratar doenças.
- Invenções na área da saúde ajudam pessoas que têm alguma deficiência.
- A tecnologia na área da saúde aumentou a expectativa de vida das pessoas.
- A tecnologia é utilizada no preparo e no armazenamento de alimentos. Isso evita que eles se estraguem e faz com que seja possível alimentar mais pessoas.

# ATIVIDADES DO CAPÍTULO

**1.** Imagine que você é um médico e responda às seguintes questões.

a) Um de seus pacientes queixa-se de dores na região do abdômen. Que exame você pediria que ele realizasse: um exame de raios X ou uma tomografia computadorizada?

______________________________________________

______________________________________________

b) Que exame você pediria se suspeitasse que um paciente quebrou a perna?

______________________________________________

**2.** Complete as frases a seguir.

As vacinas são fabricadas a partir de ____________ ou ____________ atenuados ou mortos que preparam nosso ____________ para se defender contra determinadas ____________. Essa preparação é chamada de ____________.

**3.** Observe as imagens a seguir. Que técnicas foram usadas para conservar os alimentos? Escreva as respostas nos espaços abaixo.

Os elementos das imagens não estão representados em proporção entre si.

Food Photography/StockFood/Latinstock

Alimentos enlatados.

______________________

Isantilli/Shutterstock/Glow Images

Panela com leite fervendo.

______________________

nito/Shutterstock/Glow Images

Frutas secas.

______________________

Elseing/Food Foto & V/Latinstock

Alimento embalado.

______________________

- Por que os alimentos precisam ser conservados?

______________________________________________

______________________________________________

**4.** As lentes de contato servem para corrigir alguns problemas de visão. Que outros aparelhos você conhece que são feitos para auxiliar pessoas com alguma deficiência física?

______________________________________________

**5.** Observe as duas imagens a seguir.

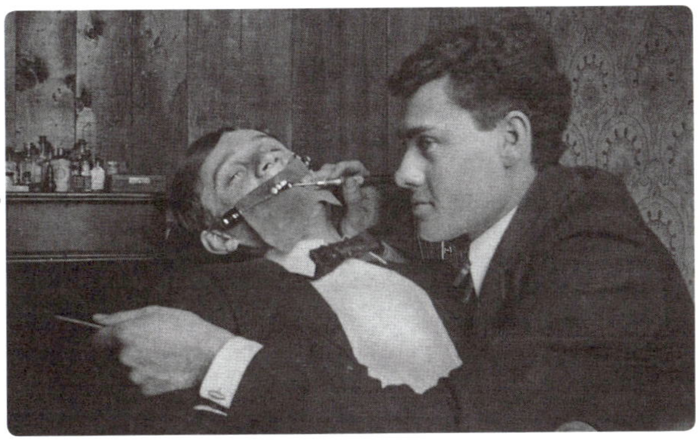

Kim Vintage Stock/Corbis/Latinstock

Tratamento dental em 1905.

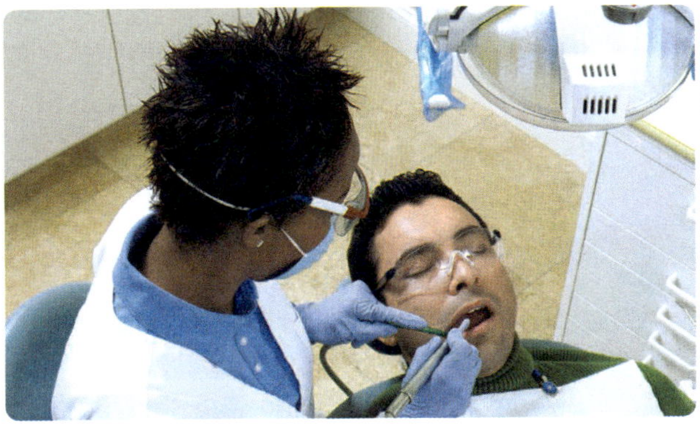

bikeriderlondon/Shutterstock/Glow Images

Tratamento dental atual.

Antigamente o tratamento dentário era muito mais difícil do que nos dias de hoje, tanto para o paciente como para o dentista. Observe e compare as duas imagens e faça o que se pede.

a) Que diferença você consegue perceber na expressão dos pacientes nas duas fotos?

______________________________________________

b) Dê exemplo de uma tecnologia que trouxe maior conforto ao paciente nos tratamentos dentários.

______________________________________________

c) Que diferenças você nota entre o dentista de 1905 e o dentista atual que facilitam o trabalho?

______________________________________________

______________________________________________

# ENTENDER E PRATICAR CIÊNCIAS

## QUEIJO EM CASA!

Com a ajuda do seu professor, vamos fazer queijos frescos. Siga as instruções abaixo e, ao final, responda às perguntas.

**Ingredientes**

- dois copos de leite
- 10 colheres de sopa de vinagre
- sal (a gosto)
- uma colher de sopa de margarina (ou manteiga)
- açúcar (uma pitada)
- pano esterilizado

1. **Pasteurização**: para pasteurizar o leite, um adulto deve colocá-lo em uma panela sob fogo baixo e mexer até ferver. Junto com o leite, deve-se colocar a margarina e uma pitada de açúcar.

Fotos: Sergio Dotta/Arquivo da Editora

2. **Coagulação**: adiciona-se o coagulante para que o leite se solidifique (fique coalhado). Nosso coagulante será o vinagre. Coloque as 10 colheres de vinagre no leite fervido e mexa bem. Deixe essa mistura descansar por 10 minutos e observe atentamente. O leite vai coalhar, apresentando uma parte sólida e uma líquida (o soro).

3. **Filtração**: use um pano esterilizado para filtrar o leite coalhado. Assim, você vai conseguir separar a parte sólida da parte líquida. A parte sólida é o queijo.

Aperte bem o pano para tirar o máximo de líquido.

**4.** **Desidratação**: abra o pano e coloque sal na parte sólida. Misture bem e aperte o pano novamente para retirar mais líquido.

Fotos: Sergio Dotta/Arquivo da Editora

**5.** **Resfriamento**: coloque o queijo em um pote e leve-o à geladeira.

- Qual é a função do resfriamento?

_______________________________________________

_______________________________________________

Além de serem resfriados, os queijos industriais também são embalados a vácuo (como na foto abaixo).

- Qual é a importância da embalagem a vácuo?

_______________________

_______________________

_______________________

_______________________

_______________________

_______________________

_______________________

Eduardo Zappia/Pulsar Imagens

CAPÍTULO 12

# INVENÇÕES E TECNOLOGIA

## INVENÇÕES NA COMUNICAÇÃO

Os elementos das imagens não estão representados em proporção entre si.

- Observe os meios de comunicação representados a seguir.

S1001/Shutterstock/Glow Images

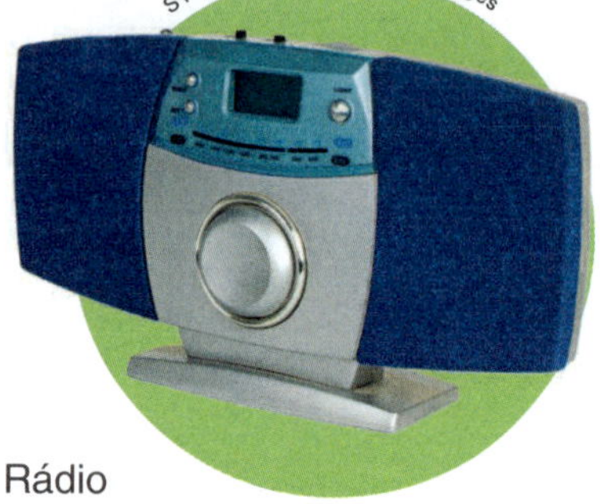

Rádio

MishAl/Shutterstock/Glow Images

Televisor

Nenov Brothers Images/Shutterstock/Glow Images

Telefone

Celso Pupo/Shutterstock/Glow Images

Carta

Paul Turner/Shutterstock/Glow Images

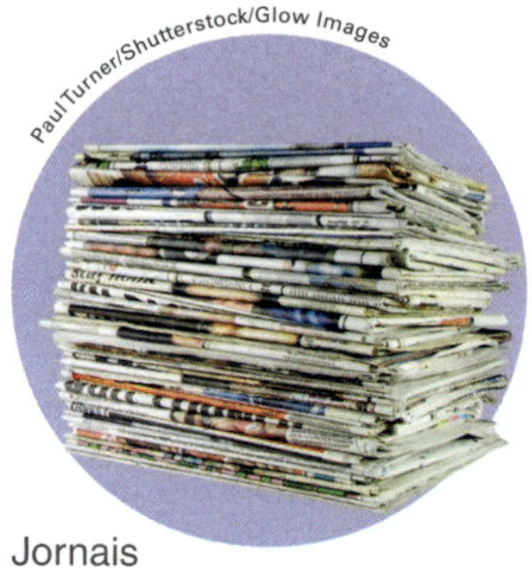

Jornais

Denis Rozhnovsky/Shutterstock/Glow Images

Computador

- Quais desses meios de comunicação você mais utiliza? Por quê?
- Como cada um deles transmite informações?
- Quais deles são meios de comunicação em massa? (Ou seja, quais atingem muitas pessoas ao mesmo tempo?)

Para que haja comunicação precisa haver um emissor, um canal e um receptor da mensagem. Podemos perceber que cada meio de comunicação transmite a informação de forma diferente.

Além disso, alguns meios de comunicação permitem a transmissão da mensagem na hora, em tempo real. As transmissões ao vivo de rádio e de televisão são exemplos desses meios.

Também há meios de comunicação que permitem que a mensagem seja guardada, constituindo importante forma de registro histórico. Por exemplo: jornais, revistas, cartas e conteúdos de *sites* podem ser arquivados; programas de rádio e de televisão podem ser gravados.

## INTERNET

O primeiro computador foi inventado em 1833. Ele era mecânico e funcionava a vapor. Em 1946, foi criado o primeiro computador eletrônico. Ele era totalmente digital, mas pesava quase 30 toneladas e era usado para fazer cálculos para o exército dos Estados Unidos.

No começo da história da informática, os computadores só eram usados em universidades e empresas, pois eram grandes e muito caros. O chamado computador pessoal, que é o "avô" desse que você usa agora, só foi inventado em 1981.

Os elementos das imagens não estão representados em proporção entre si.

Photoresearchers/Latinstock

Reprodução/The Illustrated London News, 04/11/1871.

Detalhe do primeiro computador de 1833 e seu inventor Charles Babbage.

Oleksiy Maksymenko/All Canadas Photos/Glow Images

Um dos primeiros modelos de computador pessoal.

Já em 1970, foi criada a palavra **internet**, que denomina a rede internacional de computadores. Um ano depois, foi mandada a primeira mensagem de correio eletrônico, conhecida como *e-mail*.

As conversas ao vivo pela internet começaram em 1988.

Tyler Olson/Shutterstock/Glow Images

Pelo computador, pelo *tablet* ou pelo celular, a internet faz parte da vida das pessoas.

## INVENÇÕES NO TRANSPORTE

Os meios de transporte surgiram da necessidade do ser humano de se deslocar entre pequenas e grandes distâncias.

Um exemplo marcante foi a Expansão Marítima, no século XV. O conhecimento adquirido para construir um meio de transporte aquaviário tornou possível a saída dos europeus do seu continente. Esse fato deu início à descoberta de novas terras como as das Américas.

Ainda hoje o transporte aquaviário é muito utilizado e é boa opção principalmente no transporte de cargas pesadas a grandes distâncias.

Coleção particular, Rio de Janeiro

Embarcações usadas nas Grandes Navegações, século XV.

Stefan Hofecker / Alamy /Latinstock

Navio de carga.

No século XIX, houve a criação da locomotiva a vapor, inicialmente ela transportava apenas cargas pesadas, como aço e ferro. Com os avanços tecnológicos, passou a transportar cargas e pessoas. Hoje os trens são considerados um dos meios mais modernos de transporte.

PrismaArchivo/Leemage/AFP

Gravura de locomotiva de 1830.

GuoZhongHua/Shutterstock/Glow Images

Trem de alta velocidade na China.

O primeiro automóvel movido a gasolina foi criado em 1885 na Alemanha. No Brasil, os primeiros carros foram produzidos no século XX. Em 2001, a frota do Brasil era de 21 milhões de automóveis, passando para 50 milhões, em 2011. Nos últimos anos, a indústria automobilística vem investindo em carros movidos a energias alternativas, como etanol, biodiesel, gás natural e eletricidade.

The Bridgeman Art Library / Keystone Brasil

Primeiro carro movido a gasolina.

Michael Movchin/Wikipedia Commons

Carro elétrico carregando a bateria.

Uma das grandes invenções nos transportes foi a criação do avião. O brasileiro Santos Dumont foi a primeira pessoa a decolar a bordo de um avião com motor a gasolina, o 14-Bis. Isso ocorreu em 1906, quando ele voou por cerca de 60 metros em Paris, na França. A partir do 14-Bis, diversas inovações foram realizadas para a melhoria desse meio de transporte no mundo.

Os elementos das imagens não estão representados em proporção entre si.

Hoje em dia, os aviões são bem rápidos e são usados para o transporte de pessoas e de mercadorias. Apesar de muitas pessoas terem medo de voar de avião, eles são o meio de transporte mais seguro que existe.

Ann Ronan Pictures/ Heritage Imagestate/Glow Images

Avião 14-Bis.

SpaceKris/Shutterstock/Glow Images

Aeronave moderna.

## O TRANSPORTE NO DIA A DIA

Observe a imagem.

Luis Salvatore/Pulsar Imagens

Alunos viajando de barco para ir à escola.

- Que meio de transporte você usa para ir à escola?
- Quais são os meios de transporte que seus colegas usam para ir à escola? Conversem sobre as semelhanças e diferenças entre os meios de transportes que vocês usam.

Os meios de transporte são responsáveis, além do deslocamento de pessoas, pelo transporte de mercadorias, de matéria-prima e de animais. Eles são, portanto, muito importantes para o desenvolvimento de uma região.

Alf Ribeiro/Shutterstock/Glow Images

Podemos classificar os transportes em público e privado. Os meios de transporte público podem ser individuais, como os táxis e as bicicletas alugadas, ou coletivos, como os ônibus, os metrôs e os trens.

Meios de transporte privados são os que pertencem aos seus usuários ou são geridos por empresas privadas, como os carros, as motocicletas e os ônibus fretados.

O crescimento da frota de veículos no país trouxe os congestionamentos e o aumento da poluição do ar.

Priorizar meios de transporte coletivo ajuda a diminuir o congestionamento nas cidades.

O metrô é um sistema de trens que circulam em geral por vias subterrâneas. Eles transportam grande quantidade de passageiros pela cidade.

Juca Martins/Olhar Imagem

O metrô de São Paulo (SP) atende 4 milhões de pessoas por dia.

Delfim Martins/Pulsar Imagens

Ponto de ônibus em Maceió (AL).

As bicicletas estão sendo cada vez mais usadas como meio de transporte rápido, econômico e não poluente. Mas vale lembrar que é necessário que a cidade tenha estrutura para acolher bicicletas, e que todos zelem pela segurança de ciclistas e pedestres.

Alf Ribeiro/Shutterstock/Glow Images

Os ciclistas devem usar os equipamentos de segurança.

## O SER HUMANO NO ESPAÇO

Os seres humanos sempre tiveram curiosidade a respeito do espaço. Os pensadores da Antiguidade observavam os astros no céu à procura de explicações sobre o Universo.

Na Grécia antiga (cerca de 400 anos antes de Cristo), pensava-se que a Terra estava fixa e era o centro do Universo. De acordo com esse pensamento, os demais astros giravam em torno do nosso planeta. Em grego, *geo* significa 'Terra'. Por isso, essa teoria ficou conhecida como **geocentrismo**.

Ainda na Antiguidade, anos mais tarde, um filósofo propôs que o Sol deveria ser o centro do Universo, e não a Terra. Mas esse pensamento não foi aceito, provavelmente porque as pessoas observavam o céu e tinham a impressão de que os outros astros giravam mesmo em torno da Terra.

Apenas na Idade Moderna, entre os séculos XV e XVI, Nicolau Copérnico – com base em observações bem precisas – passou a defender novamente a ideia de que o Sol era o centro do Universo. Em grego, *helios* significa 'Sol'. Por isso, essa teoria ficou conhecida como **heliocentrismo**.

Hoje, sabemos que o Sol é de fato o centro do nosso Sistema Solar, onde fica a Terra. Mas no Universo há muitas outras estrelas como o Sol, que formam outros sistemas, e o nosso Sistema Solar não é o centro do Universo.

Ao observar o céu, temos a impressão de que os astros giram ao redor da Terra porque nós estamos na Terra. No entanto, todos os astros do nosso Sistema Solar giram ao redor do Sol.

Science Photo Library

Esquema proposto por Cláudio Ptolomeu (100-170), matemático e filósofo grego.

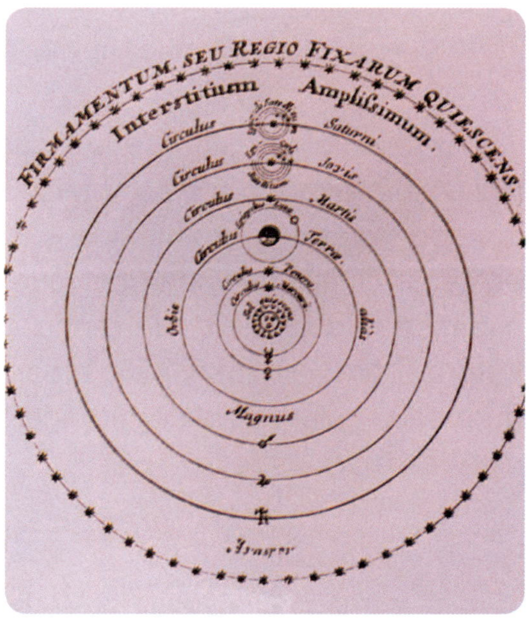

Jeremy Burgess/Science Photo Library

Esquema proposto por Copérnico (1473-1543).

## PESQUISAS ESPACIAIS

Em meados do século XX, no ano de 1968, a missão Apollo 8 durou sete dias e foi a primeira a levar o ser humano à órbita da Lua.

Em 1969, no dia 20 de julho, Neil Armstrong, da Apollo 11, tornou-se o primeiro ser humano a pisar na Lua. Foi nessa ocasião que ele disse uma das frases mais famosas da História: "Este é um pequeno passo para um homem, mas um salto gigantesco para a humanidade".

A façanha foi comunicada pela televisão e pelo rádio a pessoas no mundo inteiro.

Atualmente, as pesquisas espaciais usam equipamentos ainda mais complexos para fazer novas descobertas sobre o Universo. Um dos principais objetivos dos cientistas é descobrir se há água em outros planetas. Isso porque a presença de água é um forte indício de que haveria vida fora da Terra.

Astronauta norte-americano na Lua, em 1969.

### NESTE CAPÍTULO, VOCÊ VIU QUE:

- As tecnologias dos meios de comunicação evoluem muito rápido, e é importante acompanhar essa evolução para participar ativamente da sociedade.
- As tecnologias dos meios de transporte facilitam a locomoção das pessoas e agilizam o transporte de mercadorias.
- A comunicação precisa de um emissor, um canal e um receptor de mensagens.
- Todos os astros do nosso Sistema Solar giram ao redor do Sol.
- O ser humano faz pesquisas espaciais para descobrir mais sobre o Universo.

# LEITURA DE IMAGEM

## A TECNOLOGIA QUE APROXIMA

Mesmo que você não assista TV, não use muito o aparelho celular, não fique algum tempo no computador ou jogando *videogame*, é muito provável que a tecnologia faça parte da sua vida de alguma forma. Você já parou para pensar no quanto as tecnologias estão presentes em nossa vida?

Vamos pensar agora nas tecnologias da comunicação. Será que seus avós, quando eram crianças, se comunicavam com pessoas distantes usando os mesmos recursos que você? Por quê? E como as pessoas de diferentes partes do planeta trocavam informações?

### OBSERVE

24 Novembers/Shutterstock/Glow Images
Wavebreakmedia/Shutterstock/Glow Images
Szefei/Shutterstock/Glow Images
Arék Malang/Shutterstock/Glow Images
Felix Mizioznikov/Shutterstock/Glow Images
Snow White Images/ Shutterstock/Glow Images
ZouZou/Shutterstock/Glow Images
Angela Waye/Shutterstock/Glow Images

## ANALISE

1. O que você vê nas imagens?

2. Qual é o elemento comum entre as fotos?

3. O que isso diz sobre a tecnologia voltada para a comunicação no mundo atual?

4. Você acha importante que isso aconteça? Por quê?

## RELACIONE

5. Quais eram os meios de comunicação utilizados antes da existência da internet?

6. A internet trouxe alguma vantagem em relação à comunicação via televisão e rádio?

7. As mídias (televisão, rádio, jornais, etc.) selecionam informações a serem divulgadas.

   a) Você acha que essas informações mostram uma visão completa do mundo ou dos fatos divulgados?

   b) Como a divulgação de informações pela internet se diferencia disso?

# ATIVIDADES DO CAPÍTULO

1. Analise as afirmações e classifique-as em verdadeiras (**V**) ou falsas (**F**):

   ☐ O rádio é um meio de comunicação sonora.

   ☐ Nos meios de comunicação, quem recebe a mensagem é o emissor.

   ☐ Os meios de transporte são responsáveis também pelo transporte de mercadorias e animais.

2. Por que os meios de comunicação são importantes?

   ______________________________________________

   ______________________________________________

   ______________________________________________

   ______________________________________________

3. Quem envia a informação é o **emissor**, quem recebe é o **receptor** e o que é enviado é a **mensagem**.

   De acordo com esses critérios, complete a tabela abaixo, conforme o exemplo da primeira linha:

| Meio de comunicação | Emissor | Mensagem | Receptor |
|---|---|---|---|
| Rádio | estação de rádio | notícias, música e variedades | ouvinte |
| Jornal | | | |
| Televisão | | | |

4. Para conhecer os Estados Unidos ou a Europa, como você poderia ir?

Cite dois meios de transportes para isso: ____________________ e ____________________.

5. Observe as fotos a seguir:

Pavel Lysenko/Shutterstock/Glow Images

Ljupco Smokovski/Shutterstock/Glow Images

- Qual desses meios de transporte é mais poluente? Justifique sua resposta.

____________________________________________

____________________________________________

6. Encontre palavras relacionadas à aventura do ser humano no espaço.

| | | | | | | | | | | | | | | | | | | | | |
|---|---|---|---|---|---|---|---|---|---|---|---|---|---|---|---|---|---|---|---|---|
| P | L | O | H | G | U | N | I | V | E | R | S | O | J | C | M | B | D | S | I | Q |
| L | U | A | K | J | G | F | D | S | R | T | A | Q | R | U | S | F | D | S | X | U |
| A | V | X | L | K | G | T | R | Q | W | V | B | M | N | R | R | T | L | U | H | A |
| N | A | F | P | E | S | Q | U | I | S | A | I | E | D | I | A | P | O | L | L | O |
| E | J | M | K | P | A | W | K | J | U | G | R | R | T | O | O | H | N | J | M | E |
| T | E | J | H | L | M | N | B | V | F | R | S | R | U | S | R | V | T | G | I | K |
| A | T | K | A | S | T | R | O | S | H | F | S | A | G | I | U | S | E | M | H | N |
| S | S | F | K | M | P | L | B | N | A | X | C | V | R | D | U | C | R | P | A | F |
| A | G | K | M | U | Q | V | B | M | T | L | G | O | E | A | A | X | R | T | P | Z |
| K | L | M | A | Z | D | S | T | G | H | O | P | K | U | D | M | L | A | T | Y | U |
| A | S | T | R | O | N | A | U | T | A | Q | T | I | G | E | P | A | M | I | T | R |

# LER E ENTENDER

Existem fenômenos que os cientistas conseguem explicar mesmo sem ter feito uma experiência para isso. Por exemplo, é possível saber que não dá para tomar banho de chuveiro onde a gravidade é zero, porque a água não cai.

Mas seria bem interessante fazer essa experiência!

Se você pudesse pedir para um cientista que estivesse numa estação espacial realizar um experimento, o que pediria?

## Astronauta mostra o que acontece quando se torce uma toalha molhada no espaço

Chris Hadfield, comandante da Estação Espacial Internacional, gravou um vídeo com o experimento para responder à pergunta de estudantes canadenses.

O que acontece quando se torce uma toalha molhada no espaço? Quem conduziu o experimento foi Chris Hadfield, astronauta também canadense que se tornou comandante em março de 2013.

Para responder à questão, Hadfield jogou a água diretamente de uma "garrafinha" em uma toalha de mão. Devido à gravidade zero, explica ele no vídeo, não seria possível mergulhar a toalha em um recipiente, porque a água não ficaria lá dentro.

Quando a toalha foi torcida, a água começou a se acumular na superfície, formando uma espécie de membrana de aparência gelatinosa. Sem a gravidade para atraí-la para baixo e fazê-la cair da toalha, a água foi cobrindo as mãos de Hadfield. A toalha, mesmo depois de solta, continuou torcida.

Reprodução/Canadian Space Agency

Chris Hadfield torce toalha molhada no espaço para responder à pergunta de estudantes.

"A água percorre a superfície da toalha e chega à minha mão, como se eu tivesse gel nas mãos, e então fica lá", explica o astronauta. Esse efeito é causado pela atração entre as moléculas da água. E é o que explica, por exemplo, por que alguns insetos conseguem andar sobre a água, como se houvesse em sua superfície uma fina membrana elástica.

Ciência. Revista *Veja*, 19 abr. 2013. Disponível em: <http://veja.abril.com.br/noticia/ciencia/astronauta-mostra-oque-acontece-ao-torcer-uma-toalha-molhada-no-espaco>. Acesso em: 13 abr. 2016. (Adaptado).

## ANALISE

**1.** A notícia informa sobre um experimento sugerido por estudantes a um astronauta. Em que parágrafos é feito o relato da experiência?

**2.** Mesmo sem ter visto o experimento, o leitor consegue entender o que aconteceu apenas pelo relato escrito?

**3.** Vamos conferir o que aconteceu na experiência?

a) Por que o astronauta não pôde mergulhar a toalha num recipiente com água?

b) Por que a água saiu da toalha?

c) Por que a água não caiu?

## RELACIONE

**4.** Se deitarmos cuidadosamente uma agulha na superfície da água, em uma tigela, a agulha vai boiar. Em dupla, façam essa experiência e expliquem por que isso acontece.

**5.** O que acham de um astronauta responder perguntas feitas por alunos como vocês?

# O QUE APRENDI?

**1.** Preencha a cruzadinha com as palavras que completam as frases a seguir.

a) As pontas de flecha utilizadas pelo ser humano na Pré-História para caçar eram feitas de ____________________.

b) A inovação tecnológica usada para substituir a caneta-tinteiro foi a caneta ____________________.

c) Os ____________________ são colocados em órbita ao redor da Terra e permitem a transmissão de sinais de rádio, televisão e telefone.

d) As ____________________ espaciais são lançadas no espaço para fazer pesquisas.

e) Para observar o espaço o ser humano usa os ________________.

f) As____________________ espaciais foram construídas para que os astronautas possam ficar mais tempo no espaço.

g) O trabalho do cientista é fazer ____________________.

h) Na pesquisa de ____________ o cientista observa fenômenos como o movimento das estrelas.

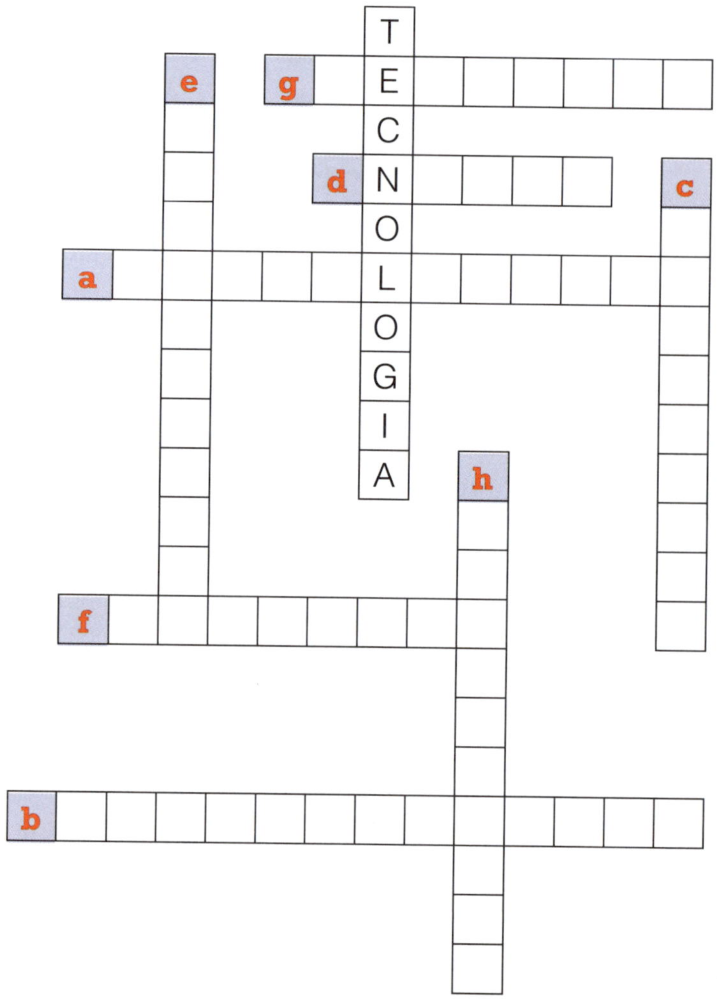

**2.** Agora que você já estudou a Unidade, reveja abaixo a imagem de abertura e pense sobre o que você respondeu anteriormente; em especial, repense sobre as consequências positivas e negativas do uso de tecnologias. Não se esqueça de mencionar os impactos ambientais dos recursos tecnológicos.

______________________________________________

______________________________________________

Divulgação/Fox Animation

**3.** Este é o momento de pensar no que você aprendeu nesta Unidade. Indique com um **X** na tabela.

| **Conteúdos estudados** | **Compreendi este conteúdo** | **Fiquei com algumas dúvidas e preciso retomar** | **Não compreendi e preciso retomar** |
|---|---|---|---|
| Capítulo 10<br>Desenvolvimento tecnológico e instrumentos de observação e pesquisa | | | |
| Capítulo 11<br>Aplicação da tecnologia na área da saúde e da alimentação | | | |
| Capítulo 12<br>Aplicação da tecnologia nos meios de comunicação e de transporte | | | |

Converse com os colegas e o professor para entender melhor o seu aproveitamento.

# PARA SABER MAIS

## LIVROS

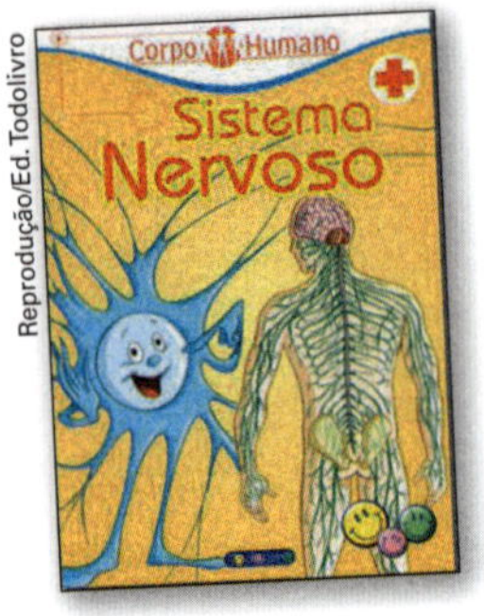

Reprodução/Ed. Todolivro

**Sistema nervoso**. Elizabeth Ávila Ferrari. Todolivro.

Descubra neste livro como é feito o controle das funções do nosso corpo, e também como captamos e analisamos as informações, para em seguida tomarmos decisões e efetuar ações. O sistema nervoso é abordado neste livro com ilustrações lúdicas e linguagem simples.

Reprodução/Ed. Papagaio

**Por que alimentar-se bem?**. Samantha C. de Andrade e Viviane L. Vieira. Papagaio.

Você já se perguntou por que não tomamos o café da manhã no almoço? Ou o que são e para que servem os carboidratos, as proteínas e as vitaminas? O que será que devemos comer: produtos da horta, da fazenda ou do supermercado? O livro nos traz essas e muitas outras explicações sobre termos nutricionais e a importância de uma boa alimentação e higiene dos alimentos.

Reprodução/Ed. Oficina de Textos

**Nina na Mata Atlântica**. Nina Nazario. Oficina de Textos.

Pegue sua mochila e junte-se a Nina, caminhando por rios e seguindo o caminho do mar. Conheça um pouco mais da Mata Atlântica, um bioma com enorme diversidade de espécies. Neste livro você conhecerá mais sobre os habitantes da Mata Atlântica, como as orquídeas, bromélias, cutias, bugios e muito mais.

Reprodução/Ed. Conhecimento

**Tuca e Dedé descobrem o Cerrado**. Leandro de Castro Siqueira. Conhecimento.

Acompanhe dois franguinhos, Tuca e Dedé, que se perdem no Cerrado. Enquanto tentam voltar para casa, descobrem um mundo totalmente novo, fazem muitos amigos que os ajudam a vencer os desafios e perigos desse bioma. O livro apresenta, de forma divertida, as relações ecológicas que acontecem no Cerrado.

Reprodução/Ed. Nacional

**Magnetismo – O que é?**. Philippe Nessmann. Nacional.

Estamos cercados de ímãs! Nos gravadores, nos motores elétricos, nos alto-falantes dos rádios... Mas você sabe como fabricar um ímã? E por que eles atraem o ferro e não o plástico ou o vidro? Os personagens Camila e Aurélio ajudam o jovem leitor a realizar experiências com o magnetismo, fazendo com que perceba as propriedades dele.

Reprodução/Ed. Rocco

**O ônibus mágico – Viagem pela eletricidade**. Joanna Cole e Bruce Degen. Rocco.

Você sabe o que é eletricidade? Como ela é produzida? Com a turma da dona Fitz e o ônibus mágico, aprenda como uma usina elétrica produz eletricidade. Depois, junto com as crianças, encolha e fique pequeno a ponto de passar pelos cabos de força e traçar o mesmo caminho da eletricidade até chegar à nossa casa. Este livro nos leva por diversos conceitos relacionados à eletricidade, ensinando de forma simples e informativa sobre a geração e distribuição de eletricidade.

Reprodução/Ed. Texto Editores

**Eu quero saber – Ciência e tecnologia – Júnior**. Texto Editores.

Este livro apresenta de forma divertida as dúvidas mais pertinentes que as crianças têm sobre a tecnologia.

Reprodução/Ed. Texto Editores

**Eu quero saber – As invenções, a Terra e o espaço – Júnior**. Texto Editores.

Este livro apresenta as invenções mais importantes da História e explica que o Universo se estende para além do nosso planeta, demonstrando de forma simples esses temas.

## *Sites*

Reprodução/<www.educacional.com.br>

**Biomas brasileiros**

O *site* contém informações sobre os biomas brasileiros, com a flora e espécies predominantes.

Disponível em: <www.educacional.com.br/especiais/biomas/>. Acesso em: 3 mar. 2016.

Reprodução/<www.chc.cienciahoje.uol.com.br>

**Ciência Hoje para Crianças**

A página nos traz uma explicação lúdica e criativa do eletromagnetismo.

Disponível em: <http://chc.cienciahoje.uol.com.br/magnetismo-e-eletricidade/>. Acesso em: 3 mar. 2016.

# BIBLIOGRAFIA


BIZZO, Nélio. *Ciências:* fácil ou difícil? São Paulo: Ática, 2002.

BRASIL. Secretaria de Educação Fundamental. *Parâmetros Curriculares Nacionais.* Brasília: MEC/SEF, 1997.

CAMPOS, Maria C. C. et al. *Didática de Ciências:* o ensino-aprendizagem como investigação. São Paulo: FTD, 1999.

COLL, César. *Aprendendo Ciências.* São Paulo: Ática, 1999.

________ et al. *Aprendizagem escolar e construção do conhecimento.* Porto Alegre: Artmed, 1994.

COLOMER, Tereza; CAMPS, Anna. *Ensinar a ler, ensinar a compreender.* Porto Alegre: Artmed, 2002.

ESPINOSA, Ana Maria. *Ciências na escola:* novas perspectivas para a formação dos alunos. São Paulo: Ática, 2010.

GROSSO, A. B. *Eureka!* Práticas de Ciências para o Ensino Fundamental. São Paulo: Cortez, 2006. (Coleção Oficinas – Aprender fazendo).

KOHL, Mary Ann F.; POTTER, Jean. *Descobrindo a ciência pela arte:* propostas de experiências. Porto Alegre: Artmed, 2003.

LERNER, Delia et al. *Piaget – Vygotsky:* novas contribuições para o debate. São Paulo: Ática, 1995.

LUCKESI, Cipriano C. *Avaliações da aprendizagem escolar.* São Paulo: Cortez, 2005.

MACEDO, Lino. *Ensaios construtivistas.* São Paulo: Casa do Psicólogo, 1994.

PERRENOUD, Philippe. *Dez novas competências para ensinar.* Porto Alegre: Artmed, 2000.

________; THURLER, Mônica G. *As competências para ensinar no século XXI.* Porto Alegre: Artmed, 2002.

VYGOTSKY, L. S. *Formação social da mente.* São Paulo: Martins Fontes, 1984.

WEISSMANN, Hilda (Org.). *Didática das Ciências Naturais:* contribuições e reflexões. Tradução de Beatriz Affonso Neves. Porto Alegre: Artmed, 1998.

ZABALA, Antoni. *A prática educativa:* como ensinar. Tradução de Ernani F. da F. Rosa. Porto Alegre: Artmed, 1998.